SOULEIADO

SOULEIADO新色布料
大受歡迎的Petite Fleur des Champs lavender

about SOULEIADO

SOULEIADO在普羅旺斯地方古語中，意指「從雨後雲層中透出的陽光」。在擁有200年以上歷史的普羅旺斯織品中，傳遞出南法明亮豐富的生活風格，是廣受世界各地布迷們喜愛的人氣品牌。

P.03至P.05創作者

即使在一眾印花布料中，SOULEIADO依然散發出優雅大人風的芬芳之感，是我個人也很喜愛且一直忍不住少量收集的印花布。與其他布料不同的雅緻配色＆如印度印染布的圖案花樣，都格外吸引人。春夏新布中有許多較小的印花圖案，相當適合製作小物。請找尋喜歡的圖案，製作作品吧！

くぼでらようこ　@dekobokoubou

No.01

ITEM │ 馬爾歇包
作 法 │ P.70

將SOULEIADO施以菱格壓線後，縫製成馬爾歇包。加入皮革滾邊條提升高級感，包口則是安裝雙向拉鍊。

表布＝平織布Vintage Feel by SOULEIADO（Volières cyan SLFCV-96B）／（株）TSUCREA

我的SOULEIADO物語

SOULEIADO…一直擁有廣大支持者的人氣織品品牌。
今年新圖案的魅力是：洗鍊的可愛感！那麼，從哪個作品開始製作好呢？

攝影＝回里純子　造型＝西森 萌　妝髮＝タニジュンコ　模特兒＝千步

No.02

ITEM │ 方盒口金波奇包
作 法 │ P.73

以橫長盒型留下深刻印象的口金波奇包，包體的抽細褶設計也很吸睛！附內口袋，推薦用來收納文具、裁縫工具等零散物品。

表布＝平織布Vintage Feel by SOULEIADO（表布A／Petite Fleur d'Arles cya SLFCVR-85C 表布B／Chartreuse yellow SLFCV-89A 裡布／La Fleur de pêche vanillé SLFCV-79A）／（株）TSUCREA

No.03
ITEM｜竹節提把包
作 法｜P.74

No.04
ITEM｜袖珍面紙套
作 法｜P.84

選用夏季風情竹提把打造時尚感手提包的同時，膨起的圓潤形狀也很可愛！同款布料製作的袖珍面紙套造型簡單，就以釦子＆提帶的小點綴作出亮點。

表布＝平織布Vintage Feel by SOULEIADO（Millefeuille mahogany brown SLFCV-98C）／（株）TSUCREA
竹製提把＝竹製提把（BB-18 #4 淬火原色）／INAZUMA（植村株式會社）

No.03

No.04

No.05
ITEM｜方型壓線波奇包
作 法｜P.72

簡單好用的附側身波奇包。表布燙上薄鋪棉後，取間距5mm直向壓線，增添作品整體樣貌的豐富變化。毛球拉鍊裝飾也是一大特徵喔！

表布＝平織布Vintage Feel by SOULEIADO（La Fleur de pêche turquoise SLFCV-97B）／（株）TSUCREA

以11號帆布製作隨行包的主袋身，並將SOULEIADO印花布夾入脇邊加上外口袋。是最適合裝入手機＆錢包，就能輕便外出的包包尺寸。

表布＝平織布by SOULEIADO（Petite Fleur des Champs lavender SLF-518V）／（株）TSUCREA

No.06

No.07

No.08

No.07 ITEM │ 手玉拼接束口袋
作法 │ P.07

以4片布料拼接而成的束口袋。底部縫合得如手玉（日式童玩沙包）般可愛。不同圖案的組合搭配也很和諧，正是SOULEIADO的特色喔！

表布A＝平織布by SOULEIADO（Petite Fleur des Champs lavender SLF-518V）
表布B＝平織布by SOULEIADO（La Fleur de Maussane pêche beige SLF-2M）
別布＝平織布by SOULEIADO（Baux de Provance almond green SLF-73D）／（株）TSUCREA

No.08 ITEM │ 卡片收納包
作法 │ P.07

購物卡、名片等，把佔空間的各種卡片統一保管，可大量收納30至50張！

表布＝平織布Vintage Feel by SOULEIADO（Petite Fleur des Champs lavender SLF-518V）／（株）TSUCREA

內裡置入了以資料夾裁剪的裡襯。

完成尺寸	材料	P.06_ No.08
寬10×高6.5cm	表布（平織布）20cm×25cm	**卡片收納包**
原寸紙型	裡布（棉布）20cm×25cm	
A面	接著襯（極厚）20cm×25cm	
	塑膠四合釦 1.3cm 1組／A4資料夾 1個	

---

2. 製作側身，與本體接縫

②翻至正面，置入資料夾。
③藏針縫返口。
裡側身（背面）
①車縫
裡側身（正面）
返口5cm
0.5
表側身（正面）

※另一側也以相同方式製作。

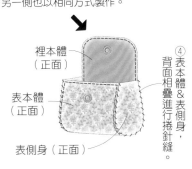

裡本體（正面）
④表本體&表側身，背面相疊進行捲針縫。
表本體（正面）
表側身（正面）

1. 製作本體

①作出摺線。
表本體（背面）
②車縫。
裡本體（正面）

⑤沿著摺線將縫份摺入內側，以捲針縫縫合。

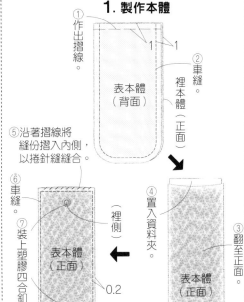

⑥車縫。
⑦裝上塑膠四合釦。
（裡側）
表本體（正面）
0.2
（表側）

④置入資料夾。
③翻至正面。
表本體（正面）

裁布圖

※ [ ] 處在背面燙貼接著襯（僅表布）。

表・裡布（正面）
※裡布也以相同方式裁布。

25cm
表・裡本體
表・裡側身
20cm

完成尺寸	材料	P.06_ No.07
寬22.5×高18×側身11cm	表布A（平織布）20cm×25cm	**手玉拼接束口袋**
原寸紙型	表布B（棉布）20cm×25cm	
A面	配布（棉布）90cm×35cm	
	圓繩 粗0.5cm 120cm	

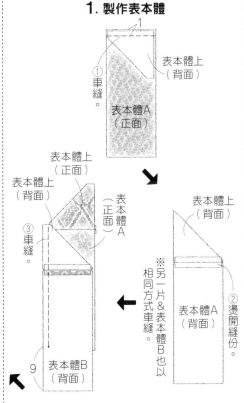

表本體上（背面）
⑥燙開縫份。
④以③相同方式車縫。
表本體（背面）
表本體A（背面）
⑤以③相同方式車縫。
表本體上（背面）
表本體A（背面）
表本體B（背面）
表本體A（背面）
表本體B（背面）
表本體上（正面）
表本體A（背面）
1
☆ ★ ★ ●
☆ ○ ○ ●
1
⑦對齊相同記號（互鄰的邊）車縫。

1. 製作表本體

1
①車縫。
表本體上（背面）
表本體A（正面）

表本體上（正面）
表本體上（背面）
③車縫。
表本體A（正面）
表本體A（背面）
表本體B（背面）

※另一片＆表本體B也以相同方式車縫。
表本體A（背面）
②燙開縫份。
9

裁布圖

※除了表本體上之外無原寸紙型，請依照標示尺寸（已含縫份）直接裁剪。

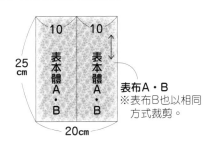

10 10
25cm
表本體A・B
表本體A・B
表布A・B
※表布B也以相同方式裁剪。
20cm

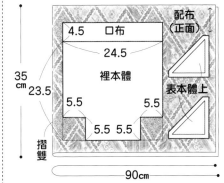

配布（正面）
4.5 口布
24.5
裡本體
表本體上
35cm 23.5
5.5   5.5
5.5 5.5
摺雙
90cm

3. 套疊表本體＆裡本體

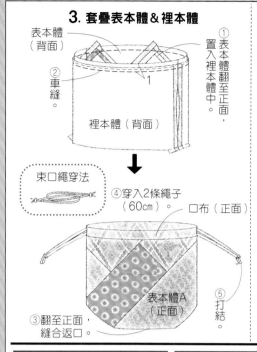

- 表本體（背面）
- ②車縫。
- 裡本體（背面）
- ①置入表本體翻至正面，置入裡本體中。

束口繩穿法

- ④穿入2條繩子（60cm）
- 口布（正面）
- ③翻至正面，縫合返口。
- 表本體A（正面）
- ⑤打結。

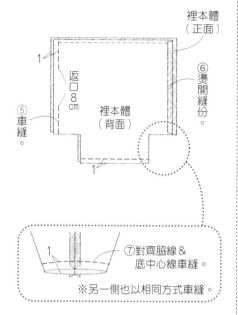

- 裡本體（正面）
- 1
- ⑥燙開縫份。
- 返口8cm
- 裡本體（背面）
- ⑤車縫。
- 1

- ⑦對齊脇線＆底中心線車縫。
- ※另一側也以相同方式車縫。

2. 製作裡本體

- ①摺疊。
- 口布（背面）
- ②車縫。
- 0.5
- ③對摺。
- 口布（正面）
- ④暫時車縫固定。
- 0.5
- 1
- 口布（正面）
- 1
- 摺雙側
- 裡本體（正面）
- ※另一組也以相同方式車縫。

完成尺寸
寬18×高16×側身4cm

原寸紙型
無

材料
表布（平織布）20cm×25cm
配布（11號帆布）130cm×30cm
裡布（棉布）50cm×20cm
牛仔釦 1.3cm 1組

P.06_ No.06
2way隨行包

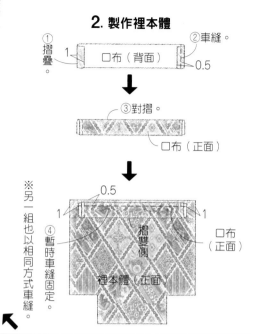

---

3. 接縫提把＆肩帶

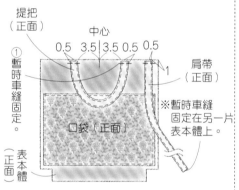

- 提把（正面）
- 中心
- 0.5　3.5　3.5　0.5　0.5
- ①暫時車縫固定。
- 1
- 肩帶（正面）
- ※暫時車縫固定在另一片表本體上。
- 表本體（正面）
- 口袋（正面）

※另一片表本體也以相同方式車縫。

4. 接縫貼邊（參見P.111 步驟 2.）
5. 製作本體（參見P.111 步驟 3.）

6. 完成

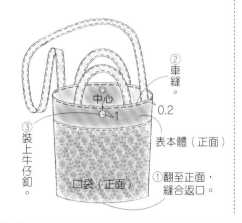

- ②車縫。
- 中心
- 0.2
- ③裝上牛仔釦
- 表本體（正面）
- ①翻至正面，縫合返口。
- 口袋（正面）
- 1

裁布圖

※標示尺寸已含縫份。

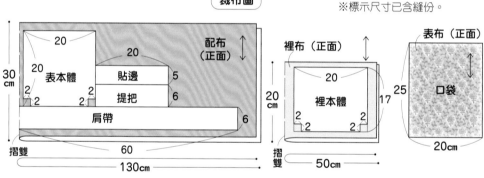

- 配布（正面）
- 30cm
- 20　20
- 表本體
- 20　20
- 貼邊　5
- 提把　6
- 2　2　2　2
- 肩帶　6
- 摺雙
- 60
- 130cm

- 裡布（正面）
- 20cm
- 20
- 裡本體
- 2　2　17
- 2　2
- 摺雙
- 50cm

- 表布（正面）
- 25
- 口袋
- 20cm

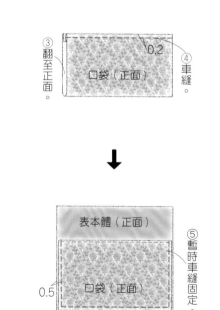

- ③翻至正面。
- 0.2
- ④車縫
- 口袋（正面）
- 表本體（正面）
- 0.5
- ⑤暫時車縫固定
- 口袋（正面）
- 1

1. 製作肩帶＆提把

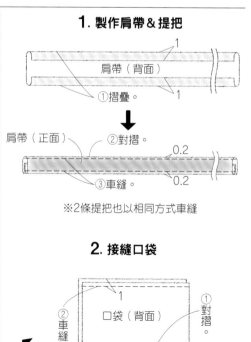

- 肩帶（背面）
- ①摺疊。
- 1　1
- 肩帶（正面）
- ②對摺。
- 0.2
- ③車縫。
- 0.2

※2條提把也以相同方式車縫

2. 接縫口袋

- ①對摺。
- ②車縫。
- 口袋（背面）
- 1

08

Summer Edition
2022 vol.57
CONTENTS

封面攝影　回里純子
藝術指導　みうらしゅう子

以季節小物呼喚夏天

作品 · INDEX

 此符號標示的作品，代表「可自行下載＆列印含縫份紙型」。
詳細說明請至P.68確認。

 BAG

No.37
P.28・方形波奇包
作法｜P.97

No.22
P.16・透明夾網布波奇包
作法｜P.80

No.19
P.15・金魚束口袋
作法｜P.86

No.15
P.13・扇貝形口罩套
作法｜P.78

No.14
P.12・燈塔波奇包
作法｜P.76

No.50
P.43・發光水母波奇包
作法｜P.109

No.49
P.43・花斑擬鱗魨波奇包
作法｜P.106

No.48
P.41・馬來貘波奇包
作法｜P.105

No.47
P.41・鱷魚波奇包
作法｜P.104

No.46
P.41・白熊波奇包
作法｜P.102

No.45
P.41・獅子波奇包
作法｜P.100

No.18
P.15・牽牛花杯墊
作法｜P.80

No.17
P.14・七夕裝飾壁掛
作法｜P.79

No.16
P.13・消波塊針插
作法｜P.13

No.59
P.67・麵包收納布盒
作法｜P.113

No.51
P.46・貓臉波奇包
作法｜P.82

No.52
P.47・手環
作法｜P.103

No.44
P.39・捲筒衛生紙掛套
作法｜P.98

No.43
P.39・壁掛收納袋
作法｜P.98

No.42
P.39・消波塊造型門擋
作法｜P.99

No.27
P.23・帆布盒
作法｜P.84

No.25
P.17・髮帶
作法｜P.17

No.20
P.15・浴衣裝飾壁掛
作法｜P.81

No.58
P.67・圍兜式圍裙
作法｜P.112

No.57
P.52・香草
作法｜P.52

No.56
P.49・手帕～鈴蘭
作法｜P.50

No.54
P.48・荷葉邊連身裙
作法｜P.110

No.53
P.47・胸針
作法｜P.103

攝影＝回里純子
造型＝西森 萌
妝髮＝タニジュンコ
模特兒＝千歩

以季節小物呼喚夏天

今年又將迎來炎熱的暑夏。不如以夏日主題的手作小物，積極地享受夏日樂趣吧！

在熱浪來臨之前製作！

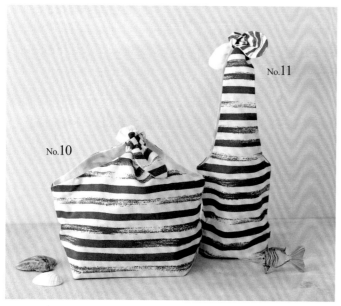

No.10
No.11

No.**10·11** ITEM｜便當袋（No.10）、水瓶提袋（No.11）
作 法｜P.78

選用海浪印象的手繪感條紋印花布製作午餐袋組。使用時，可配合內容物尺寸改變打結的位置。

No.**09** ITEM｜泳圈吊飾波奇包
作 法｜P.87

因為是夏天！掛上泳圈造型的包包吊飾收納包如何呢？放入耳機或乾洗手都很合適。Bon Voyage字樣是熱轉印貼紙的應用。

No.**14** ITEM｜燈塔波奇包
作 法｜P.76

說到夏天就想到大海，說到大海就想到燈塔！那就以搭建在良好視野海角上的可愛燈塔為創作主題吧！也推薦利用拉鍊片上的間號鉤手腕帶，吊在包包提把等位置。

作品收錄於《かたちがたのしいポーチの本（造型有趣的波奇包之書）》細尾典子著（Boutique社出版）。

No.12-14創作者 細尾典子
@noriko.107

No.13
No.12

No.**12·13** ITEM｜帆船波奇包
作 法｜P.77

將在粼粼海面上滑行前進的帆船作成貼布縫的波奇包，收納化妝品或文具都是剛剛好的完美尺寸。帆船的風帆請以喜愛的印花布搭配設計吧！

作品收錄於《かたちがたのしいポーチの本（造型有趣的波奇包之書）》細尾典子著（Boutique社出版）。

…可下載含縫份紙型之作品 ※詳細說明請至P.68確認。

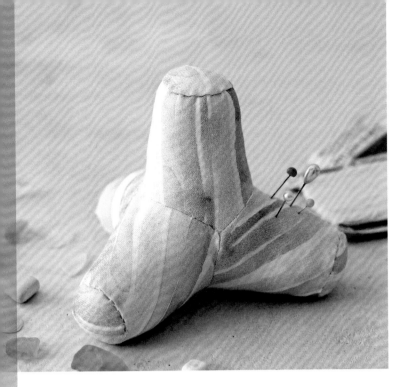

No.16 ITEM | 消波塊針插
作 法 | P.13（步驟圖文教作）

手掌大小的消波塊造型針插。重點在於要將棉花塞得飽滿紮實。即使身處炎熱的夏天，只要有這樣的淘氣小物相伴，裁縫時光似乎也會變得很愉快。

No.15 ITEM | 扇貝形口罩套
作 法 | P.78

在用餐等場合，你是否也有不知脫下的口罩該擺放在何處的困擾呢？如果有這款口罩套就能放心了吧！內裡夾入的薄接著鋪棉，使扇貝表面呈現出軟蓬蓬立體感。

---

2. 製作本體

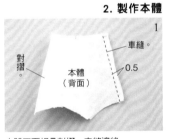

1. 裁布

No.16

消波塊針插的作法

材料
表布（棉布）30cm×20cm
手工藝棉花 適量
原寸紙型 C面

燙開縫份。

本體正面相疊對摺，車縫邊緣。

裁剪底4片・本體4片。

---

3. 接縫本體

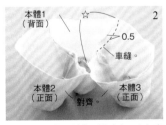

另一組也同樣地對齊一邊（☆～☆）車縫。將相鄰的本體正面相疊接縫。

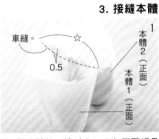

將2組本體的一邊（☆～☆）正面相疊車縫。

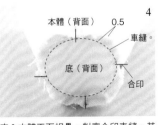

底&本體正面相疊，對齊合印車縫。其餘3組也以步驟1至4相同作法車縫。

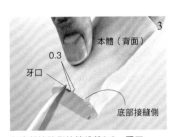

在底部接縫側的縫份剪0.3cm牙口。

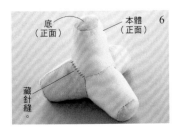

藏針縫返口，完成！

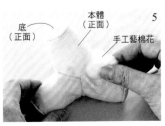

從返口翻至正面，塞入棉花。

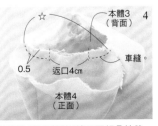

與剩餘1組本體的3邊正面相疊接縫。留一處作為返口不車縫。

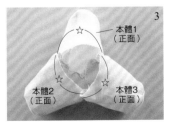

如圖所示，形成3組本體各留一邊（☆～☆）未縫合的狀態。

No.**17**　ITEM ｜ 七夕裝飾壁掛
作 法 ｜ P.79

小時候用摺紙製作的七夕裝飾，若以和風印
花布料製作，就會變成很漂亮的家飾小物。
只要在底紙上以布用白膠或雙面膠，黏貼布
料即可簡單製作。因縫合處極少，以勞作的
感覺就能完成的輕鬆度大推薦！

No.17-20 創作者　本橋よしえ
@yoshiemontan

笹葉　　　　　　菱飾　　　　　　藥玉

吹流　　　　　　輪飾　　　　　　燈籠

14

No.**19** ITEM | 金魚束口袋
作法 | P.86

裝入東西就會膨得圓鼓鼓的，可愛度加倍。在祭典或外出時，讓小朋友當作包包攜帶也很可愛。

No.**18** ITEM | 牽牛花杯墊
作法 | P.80

如將沾上閃耀晨露般鮮嫩的牽牛花採摘下，布置一個清新魅力的設計杯墊吧！內裡夾入了極薄的鋪棉。

No.**20** ITEM | 浴衣裝飾壁掛
作法 | P.81

夏日風物詩＝浴衣，但最近穿的機會越來越少了……即使如此，夏日浴衣的涼爽氛圍還是很棒！雖然不能穿著，但作件這樣的小裝飾就能輕鬆享受季節風情。也建議使用製作包包或服飾剩餘的布料來完成。

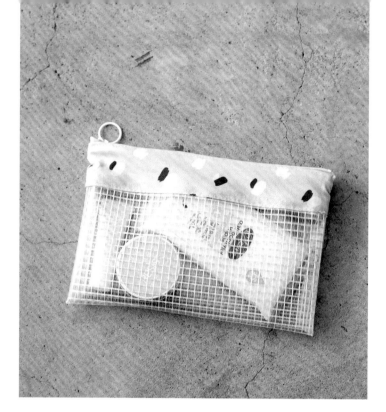

No.22
ITEM | 透明夾網布波奇包
作法 | P.80

以塑膠布×印花棉布的可愛組合打造拉錬波奇包。由於可看到內容物,歸類包中零散物品特別方便。

表布=塑膠布(TARPAULIN jb03at142172 白)
配布=HAILEY blue棉質零碼布3片組(ja05hg210807)/ NESSHOME

No.21
ITEM | 網布包
作法 | P.83

適合炎熱夏季的清涼網布材質包。除了去游泳池或海邊之外,摺得小小的隨身攜帶,當成環保袋使用也沒問題。

右・表布=獨特大網布150cm寬幅(jb03at200828 灰)
左・表布=獨特大網布150cm寬幅(jb03at200828 藍)
配布=HAILEY blue棉質零碼布3片組(ja05hg210807)/ NESSHOME

No.24
ITEM | 提籃風格包
作法 | P.85

使用近似藤籃的編織布,縫製成半月形提包。由於附有蓋布,內容物不會外露格外令人放心。

表布=提籃包用布料(jb03at210409 natural)/ NESSHOME

No.23
ITEM | 半透明環保袋
作法 | P.82

半透明材質的仿塑膠袋環保包。由於塑膠布不會綻線,無需處理布邊也OK的輕鬆度是推薦優點!

表布=柔軟半透明塑膠布(jb03ns25542n 白)/ NESSHOME

No.25

ITEM｜髮帶
作 法｜P.17

以喜愛的亞麻布或平織布等布料自己製作髮帶！可在穿戴時藉由調整細褶，變化髮帶粗細。

完成尺寸	材料
頭圍56cm	表布（棉布）70cm×25cm
原寸紙型	鬆緊帶 寬3cm 10cm
無	

P.17_ No.25
髮帶

---

3. 接縫端布

①車縫。　鬆緊帶（8cm）　本體（正面）
1　0.5

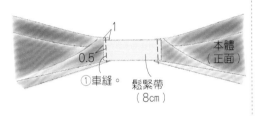

端布（背面）
②摺疊。
1　1

③摺疊並重疊1cm。　端布（正面）　本體（正面）
④捲針縫。 0.2
⑤車縫。

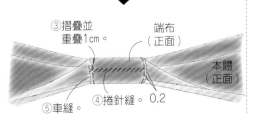

④翻至正面，將末端寬度摺至3cm，暫時車縫固定。
※另一側也以相同方式車縫。
本體（正面）
3　0.5

本體（正面）
⑤扭轉2至3圈。

⑥摺疊並重疊1cm。　固定布（正面）　本體（正面）
⑦捲針縫。

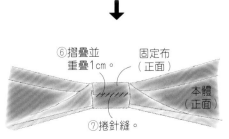

（裁布圖）
※標示的尺寸已含縫份。

表布（正面）↑

固定布
10
55　12
25cm　19　本體　10
70cm　端布

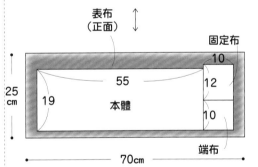

1. 製作固定布

③翻至正面。　①車縫。
固定布（正面）　固定布（背面）
1
②燙開縫份。
④將接縫線對齊中心。

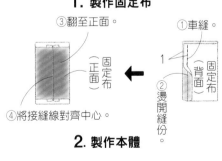

2. 製作本體

③燙開縫份。
1
②車縫。
本體（背面）
①對摺。

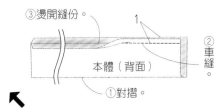

17

「布包提把」入門

靠提把提昇檔次 !?

以個人專屬的提把作出特色！

牢固又漂亮的接合祕訣是？

「提把」是決定布包質感的重要配件。

無論是使用與布包主體相同的布料製作，或加上以鉚釘固定的真皮提把，

如果能清楚了解提把的基礎作法＆安裝方式，不但可自由地變化搭配，

對於布包製作也會變得更加有自信。

你也和富山老師一同來攻略提把的製作心法吧！

指導老師…

冨山朋子

文化服裝學院 生涯學習BUNKA 時尚推廣部的布包講座講師。
舉辦的布包講座因讓機縫生手也能車縫出美麗的作品而大受歡迎。
@ @popozakka

攝影＝回里純子 造型＝西森萌 妝髮＝タニジュンコ 模特兒＝千步

1.自製布提把

配合布包本體製作的布提把，推薦優點是能使成品具有一體感，且材料費相對較低。

1

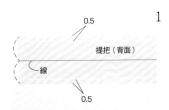

以消失筆在提把一半的位置畫線，並將雙面膠貼在距邊0.5cm處。

＼一塊布就能簡單製作／
四摺提把的作法

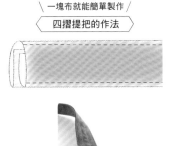

P.23 No.28

①皮革用強力膠
②膠用刮刀
③剪刀
④錐子
⑤消失筆
⑥美工刀
⑦雙面膠（寬3mm）
⑧尺

point
雙面膠的黏貼位置要避開預定的車縫位置。

製作布提把的建議工具

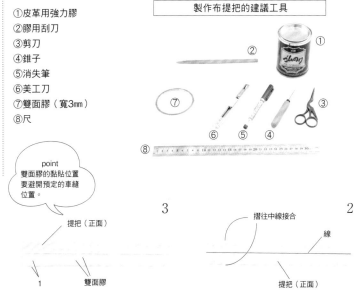

5

車縫兩側布邊。因前步驟先以雙面膠黏牢固定了，不用擔心車歪。

4

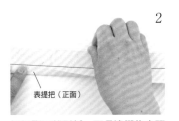

對摺。

撕下離型紙，對摺黏貼。

3

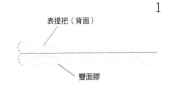

在單側黏貼2條雙面膠。

2

摺往中線接合

慢慢撕下離型紙，兩長邊摺往步驟1的中央記號線黏貼。

3

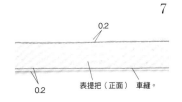

黏合完畢。此步驟若歪掉，就會影響成品的效果，請小心地黏貼。

2

慢慢撕下離型紙，兩長邊摺往步驟1的中央記號線黏貼。

1

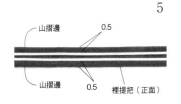

以消失筆在提把一半的位置畫線，並沿布邊黏貼雙面膠。

＼享受正反不同樣貌的樂趣！／
雙面布提把的作法

P.23 No.26

7

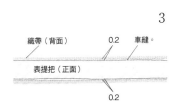

沿兩邊車縫。

6

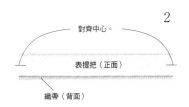

撕下離型紙，黏合表提把＆裡提把。

5

在距離裡提把山摺邊0.5cm處黏貼雙面膠。

4

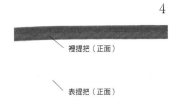

裡提把也以步驟1至3相同方式摺疊。

3

沿兩邊車縫。

2

先以P.19「雙面布提把的作法」步驟1至3、5相同方式製作表提把，再以雙面膠黏貼固定織帶。

1

在表提把一半的位置以消失筆畫線。

＼成品堅固！／
在背面車縫織帶的提把作法

point
織帶具有補強的作用，使成品不會過於單薄。選擇和提把重疊之後，縫紉機仍能順利車縫的厚度吧！

P.23 No.28

為了得到漂亮且牢固的手提包，
依用途＆偏好，改變接縫方式吧！

2.布提把的固定方式

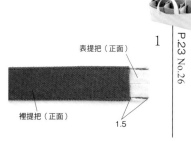

P.23 No.26

接縫於表本體

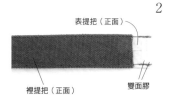

4

表提把（正面）

裡提把（正面）

雙面膠

在步驟3摺疊的表提把上黏貼雙面膠。

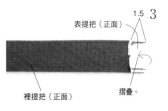

3

表提把（正面）

1.5

裡提把（正面）

摺疊。

撕下離型紙並摺疊表提把，黏貼於裡提把上。

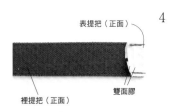

2

表提把（正面）

裡提把（正面）

雙面膠

在表提把邊緣黏貼雙面膠。

1

表提把（正面）

裡提把（正面）

1.5

參見P.19「雙面布提把的作法」，製作提把（表提把裁剪成比裡提把長3cm，對齊中心縫合。形成兩端各差距1.5cm的狀態）。

8

提把（正面）

本體（正面）

另一側也以相同方式車縫。

7

本體（背面）

背面的模樣。

6

⑤ ① 車縫。
④ ②
③

表提把（正面）

本體（正面）

依①至⑤順序從正面側車縫。起縫時需回針重疊車縫，加強固定以防綻線。

5

表提把（正面）

本體（正面）

對準本體上的接縫位置，黏貼提把。

P.23 No.28

夾入表布＆裡布之間

4

表提把（正面）

0.5

表本體（正面）

表本體的袋口內摺1cm，與裡本體以雙面膠黏合。車縫布包袋口一圈。

3

雙面膠

表提把（正面）

裡本體（背面）

在袋口黏貼雙面膠。

2

裡提把（正面）

摺疊1cm

裡本體（正面）

裡本體袋口內摺1cm，將提把黏貼於固定位置。

1

在邊緣黏貼雙面膠。

提把（正面）

雙面膠

參見P.19「在背面車縫織帶的提把作法」製作。

P.24 No.31

提把夾入拼接位置

4

雙面膠

織帶（背面）

1 1

在織帶兩側內縮1cm處黏貼雙面膠。

3

1.3 0.2 車縫。

織帶（正面）

摺雙側

車縫。

2

point

冨山老師慣用的金屬製強力夾，能緊緊地固定，是製作布包時的強大幫手。

摺雙側 織帶（正面）

對摺黏合，並以強力夾固定。

1

織帶（背面）

在織帶對摺位置的背面塗上強力膠。但不要立即黏貼，等待約1分鐘，讓黏膠泛白乾燥。

8

表本體（正面）

車縫。

0.2

拼接布（正面）

表本體與拼接布重疊1cm黏合，再車縫固定。

7

1 摺疊。

拼接布（背面）

摺疊拼接布的邊緣1cm。

6

織帶（正面）

0.2

車縫 雙面膠

表本體（正面）

車縫固定後，在拼接位置黏貼雙面膠。

5

織帶（正面）

表本體（正面）

將提把黏貼於表本體上。

使用市售提把時，只要掌握固定方式就能簡單製作，同時在外觀上也會提昇一個等級。

3.市售提把的完美固定技巧

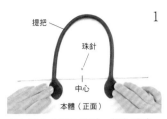

1

在本體中心刺入珠針，作為記號。調整至提把能自然垂直的位置，放上提把決定安裝位置。

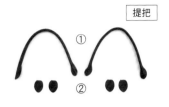

提把

①
②

①提把　②裡墊片

線

point
由於是麻線上蠟加工而成，穿線順暢，能漂亮地縫合。

這次要使用的是縫合提把的專用線。

P.24 No.30

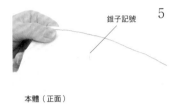

5

背面的模樣。

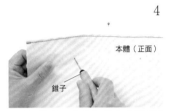

4

以錐子戳穿，使背面側也看得到記號。

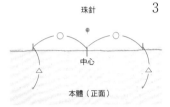

3

測量另一側呈對稱的位置，作出記號。

2

決定好位置之後，在一側提把的正下方縫孔中插入錐子打孔，作出提把位置的記號。

9

以平針縫的方式縫合，直至最上方的縫孔。

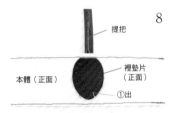

8

背面的模樣。

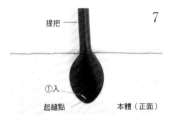

7

對齊提把固定位置，以雙面膠黏貼，並在裡側放上裡墊片，開始縫合左側。從起縫點出針，刺入下一個縫孔中（①入）。

6

在提把背面黏貼雙面膠。

13

在裡墊片遮住處挑縫本體1針，打止縫結。

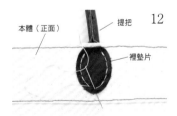

12

進行縫合完畢的收尾。在裡墊片與布料之間出針。

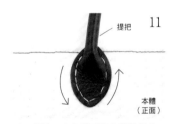

11

以平針縫，由上往下縫合剩餘部分。右側也以步驟9至11相同方式縫合。

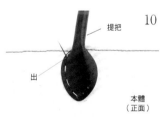

10

縫至最上方之後，從上方第2個縫孔出針。

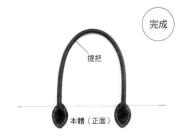

完成

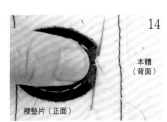

14

再挑縫1針並剪斷縫線。

以鉚釘固定提把

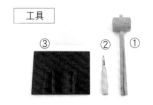

工具

①槌子 ②錐子 ③膠板

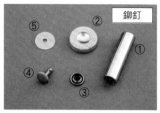

鉚釘

①敲桿②固定台③雙面鉚釘（面釘）④雙面鉚釘（底釘）⑤塑膠墊片

※鉚釘的腳長，以安裝部位的布料厚度＋0.3cm來選擇。

提把

已打好鉚釘孔的皮革提把。由於鉚釘可為作品賦予設計效果，因此很推薦使用。

P.24 No.32

3

本體（正面）

戳洞完畢。另一側也以相同的方式戳洞。

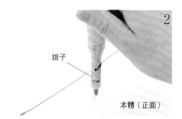

錐子

本體（正面）

2

下方墊一片膠板，在記號位置以錐子戳洞。

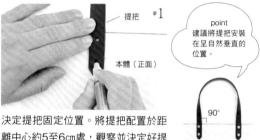

提把

本體（正面）

1

決定提把固定位置。將提把配置於距離中心約5至6cm處，觀察並決定好提把間距，再以消失筆從正面作記號。

point
建議將提把安裝在呈自然垂直的位置。

90°

塑膠墊片是

point
若鉚釘超過布料厚度3mm以上產生空隙，可加入塑膠墊片調整厚度，或改用適當長度的鉚釘。

在薄布上安裝鉚釘時，凸起的周邊容易弄破布料。若將塑膠墊片夾入其間一起安裝，可起到補強的作用，使鉚釘穩固嵌入。

塑膠墊片

提把

雙面鉚釘（底釘）

本體（背面）

5

若要裝入墊片，請在步驟4時，夾於布料＆鉚釘之間（使用墊片時，墊片的厚度也要算入安裝位置的厚度）。

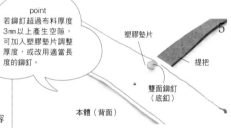

提把

鉚釘（底釘）

本體（背面）

4

從背面側將雙面鉚釘底釘的釘腳插入安裝位置的孔洞中。

敲桿

本體（正面）

鉚釘（面釘）

8

將敲桿放在鉚釘面釘上。

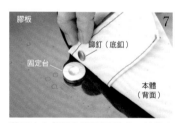

膠板

鉚釘（底釘）

固定台

本體（背面）

7

將固定台放置在堅硬平坦處，並將底釘面部朝下放在固定台上。固定台下若墊上膠板，可減少噪音與震動。

鉚釘（面釘）

鉚釘（底釘）的釘腳

本體（正面）

6

將面釘蓋在釘腳上。

完成

完成，提把安裝好了！

槌子

敲桿

提把

本體（正面）

9

垂直拿著敲桿，避免移動地以木槌敲打，直到打平釘腳，鉚釘不會移動為止。

No.26

No.27

No.26·27 ITEM | 工具包（No.26）帆布盒（No.27）
作 法 | P.84

無內裡，僅使用帆布縫製而成的橫長型托特包。比起作為外出包，更適合室內使用。搭配以相同方式縫製的小布盒，更方便分類零散雜物。

表布＝8號帆布（No.26／檸檬 No.27／天藍・原色）／倉敷帆布株式會社

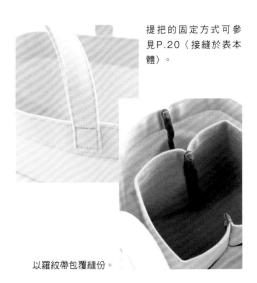

提把的固定方式可參見P.20〈接縫於表本體〉。

以羅紋帶包覆縫份。

No.29 ITEM | 肩背包
作 法 | P.88

適合成人攜帶的極簡設計肩背包。袋口僅以彈簧釦固定，作法簡單這點也很棒。

表布＝酵素洗加工8號帆布（灰藍）／倉敷帆布株式會社

提把參見P.19〈雙面布提把的作法〉。

No.28 ITEM | 縱長托特包
作 法 | P.89

可直立放入A4文件的好用尺寸托特包。由於提把長達47cm，除了掛在手腕上，單肩背也OK。寬達10cm的側身，也使袋體具有良好的穩定性。

表布＝8號帆布（水藍）／倉敷帆布株式會社

提把的固定方式參見P.20〈夾入表布＆裡布之間〉。

No.30 ITEM | 船型包
作法 | P.90

適合短暫外出的小型包。收納便當及水瓶，或溜狗都很剛好的大小。還安裝了搭配提把的護角皮片。

表布＝8號帆布（原色）／倉敷帆布株式會社
提把＝真皮手挽式提把（ULH-40 ＃26）／ INAZUMA（植村株式会社）

能輕鬆接縫，成品具有高級感的縫合式提把，可參見P.21〈3.市售提把的完美固定技巧〉。

No.32 ITEM | 皮革提把托特包
作法 | P.75

若你手邊有喜愛的漂亮色彩帆布，何不試著作作看這款簡單的托特包呢？A4尺寸可完全收納，是能作為工事包的大小，皮革提把也為簡約袋型帶入了高雅氣質。

提把參見P.22〈以鉚釘固定提把〉，牢固地完成安裝。

表布＝8號帆布（鵝綠色）／倉敷帆布株式會社
提把＝真皮手挽式提把（BM-4216＃25焦茶）／ INAZUMA（植村株式会社）

No.31 ITEM | 橫長托特包
作法 | P.91

說到托特包，就會想到這個款式。不但具有夏日感，若提把＆本體統一使用清爽的原色，就能作出具成熟風味的作品。側身寬達15cm，容量也很充足。

提把參見P.20〈夾入拼接位置〉，牢固地完成接縫。

表布＝8號帆布（本色）／倉敷帆布株式會社
提把＝壓克力細斜紋織帶 約38mm（SG-BT-382 ＃3象牙色）／ INAZUMA（植村株式会社）

Kurai Miyoha

簡約就是最好！

Simple is Best!

創作家Kurai Miyoha的連載單元
「Simple is Best!簡約就是最好」
將陸續提出以Miyoha的視角來看，
可稱得上「這就是最好」的作法、
素材及工具。
第9回是夏季素材的網布包。

攝影＝回里純子
造型＝西森 萌
妝髮＝タニジュンコ
模特兒＝千步

profile

Kurai Miyoha

畢業於文化學園大學。在裁縫設計師的
母親Kurai Muki的帶領之下，自幼就非常
熟悉裁縫世界。畢業後，作為「KURAI
·MUKI·ATRLIER」的（倉井美由紀工作
室）的工作人員開始活動。貫徹KURAI
MUKI流派「輕鬆縫製，享受時尚」的縫
製精神，並作為母親的好幫手擔任縫紉
教室講師、版型師、創作家，過著忙碌
的生活。
https://shop-kurai-muki.
ocnk.net/
🄞 kurai_muki

可依內容物的重量或
心情選擇提把。

雖然無透視感，
但清爽印象的網布與
LOGO織帶搭配性絕佳。

No.33

ITEM｜2way網布包
作法｜P.107

以材質非常輕盈的網布，打造最適合時下
季節的休閒風格提包。運用LOGO織帶製
作可手提也可肩背的兩用款式。製作簡單
袋型時，不妨以素材的選擇來吸引目光！

表布＝經編雙層透氣網布 3mm 110寬（白色）／淺草
youlove
織帶＝LOGO織帶30mm（35381-30 黑色）／手作工
房 MY mama

何不以洗鍊海洋圖案的進口布料
來製作夏色布包＆波奇包呢？
搭配高質感布料製作的單品，為
夏日打扮加上俐落爽朗的氣質。

享受手作！
鎌倉SWANY的
海洋風

直到完成為止！

有清楚易懂的影片示範

攝影＝回里純子　造型＝西森 萌　妝髮＝タニジュンコ　模特兒＝千步

紅色的真皮
提把是亮點！

No.34

ITEM │ 寬側身方型托特包
作 法 │ P.92

側身約12cm，以寬幅特有的穩定感＆收納力
為魅力的托特包。燈塔圖案進口布料上有獨
具的洗鍊筆觸，鮮紅色的真皮縫合式提把更
是瞬間吸睛的亮點。

作法影片看這裡！

https://youtu.be/
TliKNmqCk80

作法影片看這裡！

https://youtu.be/
00f18fRuN-g

No.**35**

適合散步或
短暫外出時！

ITEM ｜便當袋
作 法 ｜P.93

適合放入水壺、便當，以及解饞零食的
提袋，也是很推薦帶愛犬散步時使用的
尺寸。實用的船型袋身搭配上真皮提
把，是作法簡單的人氣包款。

拉鍊尾片是將SWANY獨家皮片以手縫方式
縫上。

No.**36**

大容量，
很實用！

ITEM ｜彎月肩背包
作 法 ｜P.94

新月型的肩背包，以攜帶時貼合身體的
好用感為魅力。棉織帶製作的肩帶可調
節長度，因此能視情況選擇斜背或單肩
背。

作法影片看這裡！

https://youtu.be/
VMRPW8YUhkM

3.8cm寬版的棉織帶×低彩度的深藍色相當
時尚，能使作品質感提昇一個層次。

作法影片看這裡！

https://youtu.be/
N7gsYyzLvtg

No.**37**

ITEM｜方形波奇包
作 法｜P.97

以表布顏色
分類內容物

選用曖昧色彩的時尚幾何圖案進口布
料，以不同顏色製作三個方形的扁平波
奇包。用來分類包中的小物們非常方
便。

好用的
船型包款

作法影片看這裡！

https://youtu.be/
BJbX8kO-jps

No.38

ITEM｜簡約托持包
作 法｜P.95

以描繪著海上帆船的進口布料為主布，搭配
條紋布作剪接的時尚布包設計。是夏日簡便
穿搭時的時尚亮點。

盛夏手作

展現自然風情的人氣紙繩帽＆包
34 款成人＆兒童的編織作法
打造獨一無二的外出親子裝！

夏日正是親子出遊的好時節，
遮去烈陽不可少的帽子，
就以親手編織的Eco Andaria繩編帽，
帶來清爽涼意吧！
超詳細圖解步驟讓你easy上手，
新手也能輕鬆織！

天然素材好安心
親子時尚的涼夏編織包&帽子小物
朝日新聞出版◎編著
平裝／96頁／21×26cm／彩色
定價 380 元

經常待在家的日子，
就穿上自己作的居家休閒服吧！

穿來穿去，還是休閒服穿起來最舒服！
可以居家也可以外出，可以休閒也可以正式，
就看你選擇的布料＆怎麼搭配！
運用拷克機就可以自己製作了，
一邊收邊一邊裁剪，非常方便！
簡簡單單就能作出如市售一般的
Ｔ恤、帽Ｔ、寬褲、休閒褲、長版洋裝、圓裙、開襟外套……
除了女性尺寸，也有兒童與男性尺寸，
讓你能輕鬆穿上自己打造的情侶裝＆親子裝！

CUT&SEW
我的極簡舒適手作服
拷克機作的Ｔ恤＆針織服＆帽Ｔ

我的極簡舒適手作服
拷克機作的Ｔ恤＆針織服＆帽Ｔ
かたやまゆうこ◎著
平裝／80頁／21×29.7cm／彩色
定價420元

不可不知！手作的(基)礎

針對有點在意，卻遲遲沒有開口詢問的手作基礎——解答。
請在此解除疑惑，更加享受手作吧！

攝影＝腰塚良彥　頁面設計＝和田充美

裁布篇

未含縫份的紙型，要如何加上縫份？

使用方格尺或曲線尺，就能輕易地加上縫份。

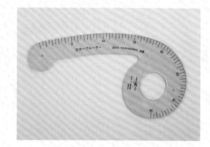

曲線尺

只需這一把，即可畫出裁縫時所有的曲線。從尺上找到適合的弧度吧！

方格尺

印有方格線的尺。容易繪製直角，還印有45度線，製作滾邊斜布條也很方便。

以曲線尺將記號連接起來。

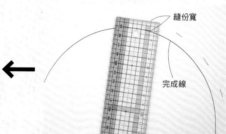

畫曲線時

縫份寬
完成線

畫曲線則要將方格尺直向使用，頻繁地作記號。

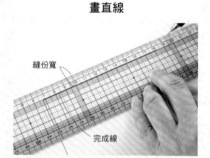

畫直線

縫份寬
完成線

對齊紙型完成線與方格尺上縫份寬度的方格線（上圖縫份為1cm），畫出縫份線。

要如何判斷布料正反面呢？

判別布料正反面的方法。

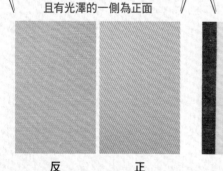

斜紋布是以斜向溝紋明顯，且有光澤的一側為正面

反　　正

布邊虛線較整齊的一側為正面。

反　　正

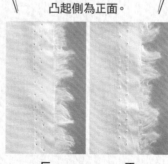

布邊針孔的凸起側為正面。

反　　正

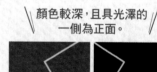
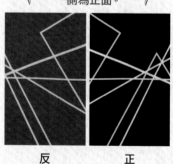

顏色較深，且具光澤的一側為正面。

反　　正

先染平織布幾乎無法分辨布料正反，因此無需在意。
此外，單純以自己喜愛的一側為正面也OK，就不會有分辨的困擾啦！只是要記得裁布時，所有裁片都要以同一側作為正面。

紙型上的箭頭是什麼？

箭頭是「布紋線」。將布紋線對齊布料紋路＝直布紋進行裁剪。

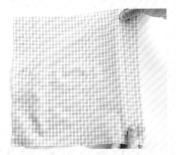

直布紋 → 不太有彈性

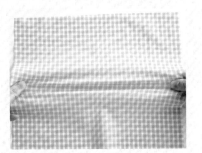

橫布紋 → 彈性較佳

斜布紋 → 彈性更好

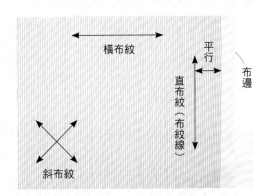

平行於布邊的是直布紋。布料以直布紋的延展性最差，其次是橫布紋，斜布紋的延展性最好。無法分辨布紋時，就拉扯布料進行確認吧！

本體

紙型的箭頭（布紋線）是在布料上排列紙型時，作為參考用的記號。若布紋歪掉，完成的作品也會跟著歪斜。此外，布料的直、橫、斜方向的彈性也不一樣，因此以錯誤方向裁布也是導致縫合時錯位的原因之一。請確實校正方向來排列紙型吧！

紙型的配置方式

本體

將直布紋與紙型的布紋線呈平行進行排列。當圖案有方向性時，就與布紋線的箭頭方向對齊。當圖案不易判別方向時，則可查看寫在布邊上的文字，文字由上至下的方向就是圖案方向。

任何布料都需要先過水比較好嗎？

依據布料種類＆製作物而不同。

「過水」是指為了改善布料歪曲，讓布料預先浸泡在水中1小時至半天，進行預縮的動作。
也能防止未來洗滌作品時的縮水問題。

不能過水的種類

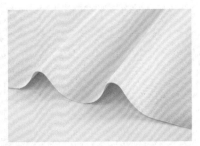

帆布、絲、羊毛等不可水洗的素材。若布料歪斜時，熨燙修正即可。

不用事先過水的種類

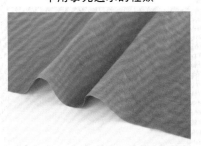

緞布＆尼龍布等不易縮水的化學纖維、無需洗滌的作品、小型作品及零碼布等。

需事先過水的種類

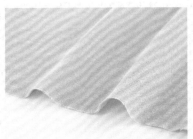

棉布、紗布、丹寧布、麻布等容易縮水的天然材質布料，及衣物類需經常洗滌的類型。

重疊布料裁剪時，總是容易位移。有漂亮裁布的好方法嗎？

正確使用剪刀&刀片就能解決。

不會位移的裁布方法

輪刀

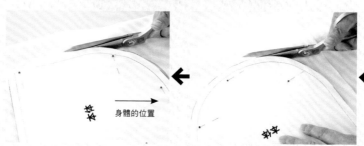

身體的位置

使用輪刀，就能毫不歪斜，輕鬆漂亮地裁布。

移動自己的身體而非布料，讓剪刀位於自己的前方進行裁剪。

曲線則要頻繁地移動剪刀進行修剪。

使剪刀的刀背貼近桌子，刀刃與布料呈垂直地進行裁剪，過程中請避免刀尖閉合。光滑的布料或容易位移的薄布、厚布，就一片一片分開裁剪吧！

容易歪斜的裁切方法

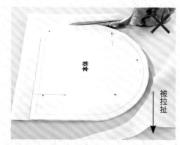

被拉扯

閉合刀尖

裁剪長條布料時，布料會因重量拉扯而歪斜，因此不要讓已裁剪的一側往桌子下垂落。

裁切邊容易變成鋸齒狀，因此裁布過程中請不要閉合刀尖。

大型裁片，若抬起布料裁剪就會歪掉。

縫法篇

車針的替換時機是何時？

車針是消耗品。一直用到斷針才替換非常危險，請不要這樣做。
車針若是太老舊也會導致車縫不順。

替換車針的時機判斷

●針刺入布料時會發出噗哧噗哧的聲音。
　車針會扯出刺入位置的織線。
●車縫時，縫紉機發出的聲音較高，與平常的聲音不同。
●當不小心車縫到珠針或金屬拉鍊鍊齒等硬物時。
●車縫厚物之後。
●車針彎曲時。
●線張力無法平衡等，縫紉機發生原因不明的問題時。

●當觸摸車針尖端，已呈圓滑狀（請小心不要刺傷手指！）。

車針的種類

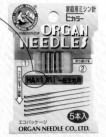

車針有種類之分。除了包裝上會註明針的類型，也請確認使用說明書，選擇家中縫紉機適用的車針。

以縫紉機車縫時，布料下方雖然有送布齒，但上方卻沒有，
也因此上方的布料容易被拉伸延展，使邊緣難以對齊。

送布齒：車縫時能將布料均勻地往前推送
的裝置。

不會位移的車縫方式

使用縫紉機壓腳

均勻送布壓腳

也很建議使用內建送布齒的「均勻送布壓腳」。由於上下皆有送布齒，因此就
算是光滑的布料也能不位移地順利車縫。

夾入PP織帶

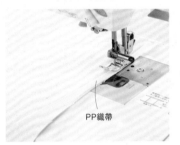

PP織帶

將剪成細條狀的PP織帶放在壓腳下
進行車縫。

掀起布邊進行車縫

將布料邊緣對齊拿起，並將布料往上
掀，一邊延展下方的布料一邊車縫。

錐子是能夠使用在許多情況的萬用工具。

拆線

拆線時，將錐子插入針趾後拉起，就能不傷
布料地進行拆線。

翻出邊角

當需要把角落翻至正面時會使用錐子。不
要拉扯角落，而是從角落下方的縫線戳入
錐子，以外推的方式翻出角落。

作記號

在接縫口袋等位置，從紙型上以錐子刺
穿，作出記號。

車縫時固定布料

車縫細褶時，以錐子按壓
直到壓腳前方，使細褶均
勻地縮皺。能夠防止細褶
擠在同一側或變成壓褶
狀，完成均勻的細褶。

車縫曲線這類容易車歪的
位置時，可用錐子按壓布
料進行車縫。比起以手按
壓，錐子尖端可固定布料
至即將到達縫紉機壓腳的
前一刻，因此能夠不位移
地漂亮車縫。

赤峰清香的
布包物語

以閱讀及欣賞電影作為興趣，並用來轉換心情的布包作家赤峰清香老師，將在每一期伴隨親筆寫下的感想文，向大家介紹想要推薦的書籍或電影，並製作取其內容為創作意向的設計包款。請和介紹的書籍一同享受企劃主題「布包物語」。

攝影＝回里純子　造型＝西森萌
妝髮＝タニジュンコ　模特兒＝千步

No.39 ITEM｜束口後背包
作法｜P.96

肩帶的設計
可配合使用者自行調整打結位置。

不限於健行或一日之旅，在附近散步等場合也很實用的輕量束口後背包。將等不及夏季正式到來的心情，蘊藏在耀眼的純白布料之中。

表布＝尼龍棉 人字紋布料（IN50620·Super White）／布料之森
拉鍊＝金屬調樹脂拉鍊60cm（26 -417 原色）／Colver株式會社

雙向拉鍊的外口袋，
容易開關的實用度大加分！

接縫於袋口裡側的內口袋，
便於收納零散物品。

《街と山のあいだ》
※暫譯：城鎮與山之間
若菜晃子◎著 中央出版株式會社 anonima studio

這次首要介紹的是，當我沉迷於有關山岳的書籍時，別人向我推薦的一本書。那是當時已在我的「閱讀清單」中，但尚未入手的《街と山のあいだ》。推薦給不大熟悉山，但喜愛自然的朋友。

這本書的魅力在於能夠細細品味漂亮的裝幀，以及登山般的氛圍。我認為看書不僅是閱讀本身，也包含了選書的樂趣在內。沒有書衣，但捧讀時微粗糙的手感、溫暖療癒的素材配色、內斂的設計，這本書擁有只放在自己的書架上，就令人感到開心的裝幀。

內容方面，與封面的調性一致，文章清爽又細緻，是若菜小姐關於山的隨筆。自然演奏的音律、新鮮的空氣、綠意，以及風的涼爽、夜的寧靜、山頂遠眺的景色之美……一想到可在字裡行間漫步山中，給予五感完整的刺激，就讓人興奮不已。

我幾乎沒有山岳的相關知識與經驗，文中出現的專有名詞，大部分也都不認識，但即便如此，依然還是有跟著若菜小姐一起登山之感。有時是正在山上沖著咖啡，喝一口空氣；有時彷彿正在山中小屋吃著美味料理。雖然增添了我對山的嚮往，但山依然還是有著不安與危險。對我來說，高尾山似乎是最適合的。

在這裡介紹一段無關於山，但有點好笑，讓人產生共鳴的地方。

「即使上了年紀，依然持續唱著自己該表達、自己想表達的Julie，更加帥氣了。即使變胖，依然還是很帥。」

此次從這本書聯想到的，是耐用的大容量戶外用後背包。但是如果還要求機能，這樣的後背包製作難度就會大高……因此，我以在高尾山健走為主題，設計了程巧大容量的束口後背包，並且顏色是白色。「容易弄髒！」雖然可能會聽到這樣的理想，但卻能映襯出四季美態的自然色彩。立刻背上手作的束口後背包，來趟健行如何？

街と山のあいだ
若菜晃子

表布皆為尼龍棉人字紋布料
Super White

束口後背包

★有內裡·內口袋

高 46cm

肩帶可籍由打結調整長度

有蓋布的外口袋
※使用金屬調樹脂拉鍊

34cm

T型底

profile 赤峰清香

文化女子大學服裝學科畢業。於VOGUE學園東京、橫濱校以講師的身分活動。近期著作《きれいに作れる帽子（暫譯：作漂亮的帽子）》主婦と生活社刊出版，因能作出時尚且實用的帽子而深受好評。
http://www.akamine-sayaka.com/
@sayakaakaminestyle

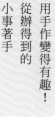

實踐良知生活的 手作提案

用手作變得有趣！
從辦得到的
小事著手

要不要將重視物品＆其背後製造流程的「良知消費」納入手作當中呢？
尺寸不合，或設計有點過時的「牛仔褲」，就以手作的力量讓它重生吧！

牛仔褲的改造訣竅 ✂

牛仔褲的裁剪方式

想直接使用褲頭等部分時，就剪斷縫線拆下。

2／ 展開就成為一整片牛仔布料。

1／ 沿著褲襠縫線，從褲腳剪開。

剪下口袋的方式

3／ 剪下口袋了！

2／ 沿著縫線裁剪內側布料。

1／ 口袋要保留原貌剪下。

No.**40** ITEM｜束口肩背包
作 法｜P.108

將淺藍（淺色）＆靛藍（深色）牛仔布交互拼接，製成圓底的束口肩背包。肩帶使用市售品，若想作為波奇包使用時亦可拆下。

No.**41** ITEM｜肩背包
作 法｜P.99

將牛仔褲的脇線置於中心，以口袋作為設計重點的肩背包。布包本體以拉鍊開關袋口，並使用市售的肩帶＆皮片，立即提昇成品效果。

肩帶＝壓克力肩背式提把（YAT-1433 ＃870・焦茶） 皮片＝肩帶用皮片（BA-11-20・870 焦茶）/INAZUMA（植村株式會社）

No.41

No.40

攝影＝回里純子　造型＝西森萌　妝髮＝タニジュンコ　模特兒＝千歩

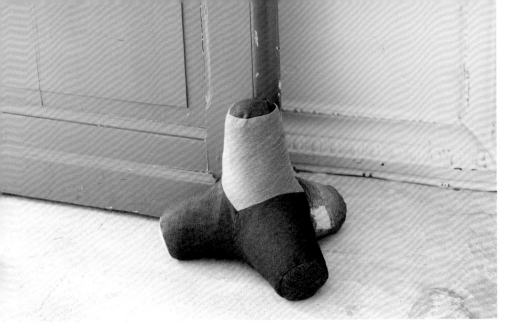

No.42

ITEM｜消波塊造型門擋
作 法｜P.99

由各色丹寧布組成，全長約27cm的消
波塊造型門擋。內裡填充的是棉花，
以及少許增加重量的碎石。只需放置
在門旁，就會呈現出海灘小屋般的氛
圍。

No.43

ITEM｜壁掛收納袋
作 法｜P.98

收集各式各樣顏色＆尺寸的牛仔褲口
袋，作成壁掛收納袋。只需在牛仔褲
拼接的底布上，以布用接著劑黏貼於
喜好的位置即可。自由加上喜愛的布
標等裝飾物，作出專屬個人的設計
吧！

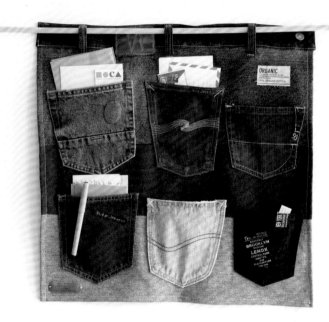

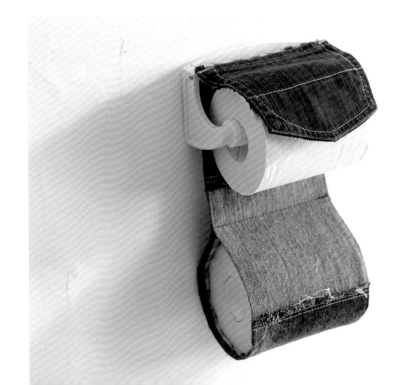

No.44

ITEM｜捲筒衛生紙掛套
作 法｜P.98

當我看著從牛仔褲上剪下的口袋時
……靈光一閃作出來的就是這個作
品！幸運的是，口袋寬度還剛好與衛
生紙架的蓋子寬度相同。設計簡單＆
容易製作亦是優點。

攝影＝回里純子　造型＝西森 萌

你喜歡哪個？
波奇包動物園 or 波奇包水族館

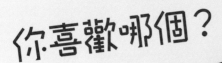

ZOO
by
福田とし子
@beadsx2

從白熊、獅子、蝴蝶魚到發光水母！可愛生物變身波奇包大集合。挑一個喜愛的款式，立刻動手作作看。

…可下載含縫份紙型之作品

※詳細說明請至P.68確認。

No.46 ITEM｜白熊波奇包
作法｜P.102

表情驚訝呆滯的白熊，環狀的手腕可掛上鑰匙或吊飾。是放置筆類以及手工用品剛好的尺寸。

No.45 ITEM｜獅子波奇包
作法｜P.100

以可愛臉蛋引人注目的獅子波奇包。將麻布作穗狀處理的鬃毛＆滑動拉鍊時上下搖擺的尾巴，真是無敵可愛！

No.48 ITEM｜馬來貘波奇包
作法｜P.105

拉鍊繞身體一圈接縫的馬來貘波奇包。袋口可大大地敞開，當成筆袋或眼鏡包都很合適。以短絨毛的背刷毛針織布背面為表面，表現馬來貘毛茸茸的觸感。

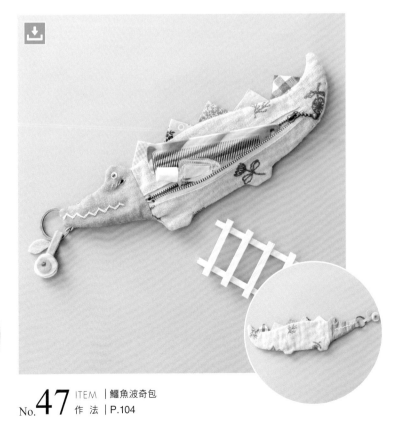

No.47 ITEM｜鱷魚波奇包
作法｜P.104

以不同色彩圖案的零碼布裝飾背上尖刺的時尚鱷魚。身體使用的花朵圖案刺繡布也很美麗。嘴巴叼著的鐵環可掛上重要的鑰匙或墜飾。

Aquarium

by

細尾典子

@norico.107

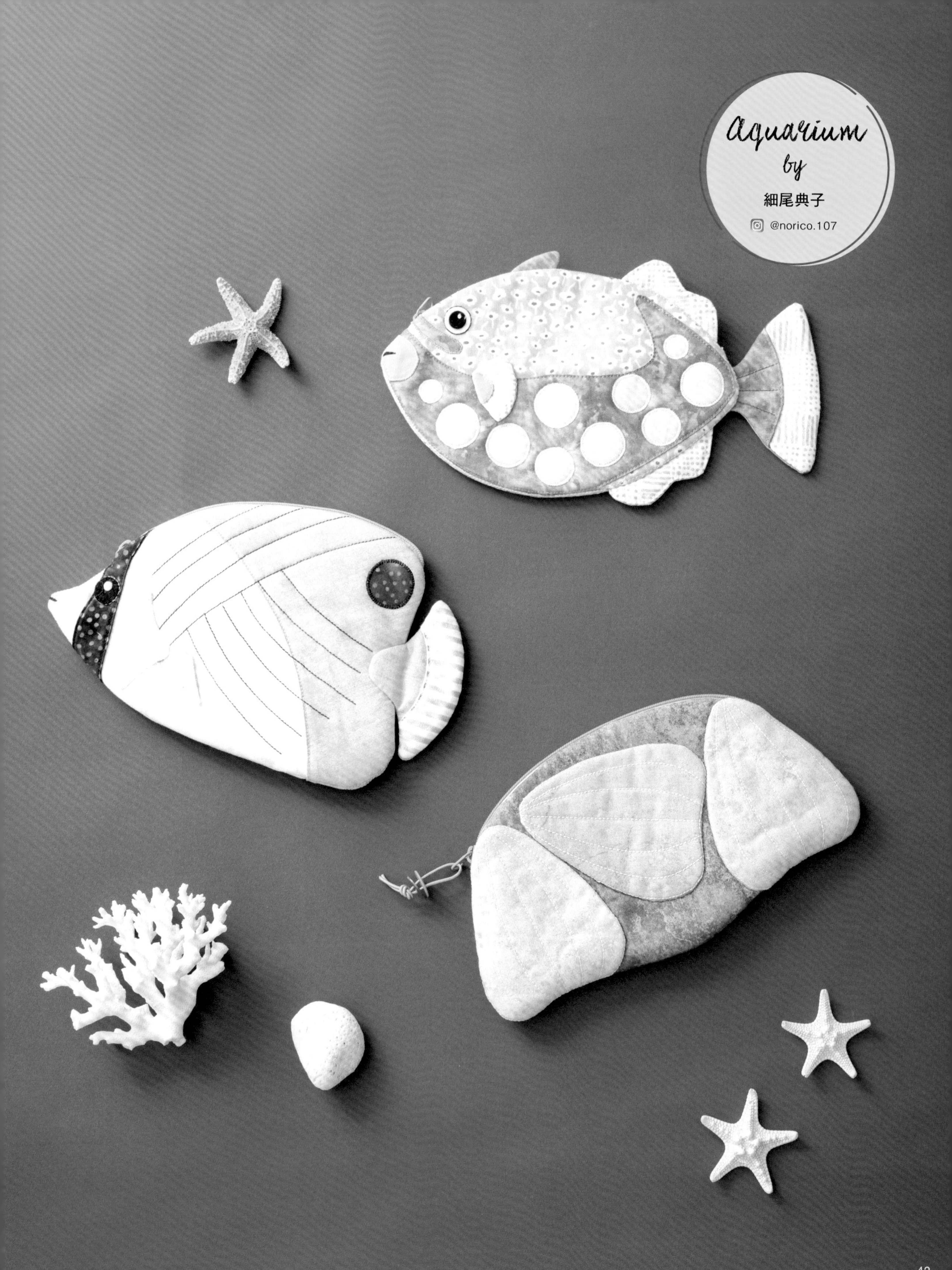

…可下載含縫份紙型之作品

※詳細說明請至P.68確認。

No.49 ITEM｜花斑擬鱗魨波奇包
作 法｜P.106

以肚子上白色圓點為特徵的花斑擬鱗魨,是水族館中常見的人氣熱帶魚。無論是圓點或身體的圖案,都是以細密Z字車縫施加貼布縫,製作成可愛的波奇包。

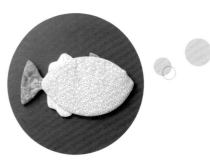

ITEM｜蝴蝶魚波奇包
(欣賞作品)

浮潛時,不知不覺從某處輕飄飄靠近的蝴蝶魚。嘟著嘴的可愛模樣,在水族館中也很受歡迎。身體的花紋是以縫紉機刺繡。

No.50 ITEM｜發光水母波奇包
作 法｜P.109

微微照亮幽暗深海的發光水母。波奇包的包體使用雲染布料,象徵深海;再以銀線描繪正在散發螢光的水母。

貼布縫創作女王——
Shinnie 第一本貼布縫圖案集

本書從「我喜歡...」的概念出發，與你分享Shinnie喜歡的日常點滴，以針線與拼布的創作，將「喜歡」表現在貼布縫作品上，集結而成Shinnie的幸福小事記，您可運用書中附錄的圖案別冊，參考全彩本的配色設計，應用在個人的手作品或是現有的布品。

本書貼心設計為一套兩書，內含全彩本收錄Shinnie以40組可愛生動的圖案創作貼布縫作品，提供您在創作時的配色，並加入單色本的圖案別冊，讓您可以更方便的運用圖案，創作自己喜愛的貼布作品，書中亦詳細介紹基本貼布縫技法、框物製作以及將圖案應用在手作物品的製作技巧，Shinnie也將喜歡的事物繪製設計成個人風格的插畫，穿插於內頁，讓您在手作之餘，也能一探她可愛逗趣的手作生活，喜歡Shinnie的粉絲，一定不能錯過！

內含全彩本
＋
圖案附錄別冊

圖案附錄別冊

全彩本

Shinnieの貼布縫圖案集
我喜歡的幸福小事記

Shinnie ◎著

平裝全彩本 84 頁＋單色本 84 頁／20cm×20cm
定價 520 元

在等待放晴的日子裡，
手作永遠都是能夠帶來陽光的力量，
將喜歡的小事，貼縫成幸福的模樣，
與Shinnie一起保持開心，
來玩貼布縫吧！

profile yasumin・山本靖美

於2011起開設線上購物商店yasumin' s-mini。結合Liberty
印花布與亞麻布的布包＆波奇包大獲好評。在個人YouTube
頻道上傳的作法影片，也匯聚了高人氣。搭配影片推出的已裁
切材料組上架即完售，且吸引多人一再回購。

https://www.instagram.com/yasuminsmini/

線上商店 https://yasumin.stores.jp/

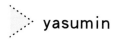

yasumin

影片示範，完美製作！
Liberty Fabrics手作

YouTube上大受歡迎的手藝作家yasumin
山本靖美小姐的新連載。
將連同作法影片向你介紹以Liberty布料
製作的手藝作品。

No. 51 ITEM｜貓臉波奇包
作法｜P.82

推薦不擅長縫拉鍊的人一定要作作看！由於是
將本體切開拉鍊口再車縫拉鍊，因此接縫方法
比想像中容易許多。是令人想要多作幾個不同
顏色的有趣波奇包。

<圖上>表布＝Tana Lawn by Liberty Fabrics（Morning Dew
3636153-AE） 裡布＝Tana Lawn by Liberty Fabrics（素色
C6070-PBL）
<圖中>表布＝Tana Lawn by Liberty Fabrics（Morning Dew
3636153-ZE） 裡布＝Tana Lawn by Liberty Fabrics（素色
C6070-EBL）
<圖下>表布＝Tana Lawn by Liberty Fabrics（Morning Dew
3636153-CE） 裡布＝Tana Lawn by Liberty Fabrics（素色
C6070-FPK）／株式會社LIBERTY JAPAN

 點開看就會作！
yasumin 教學影片
https://youtu.be/LB1dWLWnZig

攝影＝回里純子　造型＝西森 萌

《 Liberty Fabrics Design Story 》

▌Morning Dew

如動物斑紋般，讓人印象深刻的印花。運用柔和的粉彩調油漆筆觸，疊塗描
繪出濃霧清晨的露珠。

 https://cfmarche.thebase.in/

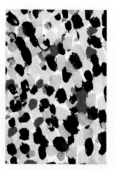

handmade for summer time

第一次玩藤編

藤編小物＆飾品最近似乎隨處可見。無需特殊工具，只要掌握技巧即可順利製作，
正是藤編手作的特色。那麼就開始吧！

No.52

No.53

No.53
ITEM │ 胸針
作 法 │ P.103

初次製作藤編作品，推薦從這款胸針開始。以繩結樣式中最
經典的淡路結製作的胸針，乍看之下很複雜，但只要掌握訣
竅，任誰都能製作。深咖啡色款，是完成之後浸泡於咖啡液
中，自行染色而成。

No.52
ITEM │ 手環
作 法 │ P.103

學會No.53胸針的「淡路結」後，接著挑戰這款手環吧！連
續淡路結的設計，成品非常時尚。手環末端選用與藤色一致
的木珠＆皮繩固定，以低調的質感變化增添裝飾。

profile **朝倉あすか**

製作並販售藤製飾品＆雜貨。作品以可愛感與精緻作工吸引許多支持者，市
集活動上必定完售！著作有《ラタンワークの暮らし小物とアクセサリー
（暫譯：藤編生活雜貨與飾品）》文化出版局發行。

💻 http://amigirl.net/
📷 @amigirl_official

我家狗狗的衣服是手作的喔！

愛犬外出服&散步包

要不要用喜歡的布，親手縫製愛犬的衣服呢？再用剩下的布料製作包包，每天的散步好像就會變得更加愉快！

攝影＝島田佳奈　模特兒＝優美（東京都・3kg 11歲／穿著M號）

提把長度為30cm。是手提＆掛在手腕上都剛好的長度。

8cm的側身寬度剛好可放入寶特瓶。

以縫在腹部側的塑膠四合釦穿脫，方便輕鬆。

加上布釦作裝飾。改用市售鈕釦也OK。

裡布使用雙層紗，膚觸柔和。

荷葉邊以三摺邊收邊。

尺寸適合吉娃娃或玩具貴賓等小型犬，有S與M兩種尺寸。

No.54 ITEM｜荷葉邊連身裙
　　　　 作法｜P.110

No.55 ITEM｜散步托特包
　　　　 作法｜P.111

下襬帶有雙層荷葉邊的時尚洋裝。若也以同款絲巾圖騰布料製作托特包，即使只是散步也會成為注目的焦點。

表布＝復古披肩平織薄棉布 佩斯利花紋（H・藍色）／OKB fabric

Jeu de Fils

小小手帕刺繡

自製想珍惜愛藏之一物

刺繡家Jeu de Fils 高橋亜紀的連載。
每季將會介紹一條繡了季節植物、英文字母，
以及加上緣飾的手帕。

No.56

ITEM｜手帕～鈴蘭
作 法｜P.50

邊緣以釦眼繡縫製扇貝形花邊，並點綴上緞
面繡的圓點增添可愛感。

手帕用布＝義大利亞麻布
[刺繡線]
扇貝形花邊＝DMC 30號（Blanc）
鈴蘭＝花＆圓點：DMC 25號（Blanc）
莖＆葉：DMC 25號（#367）
緞帶：DMC 25號（#3781）

以繞線回針繡加上英文字母

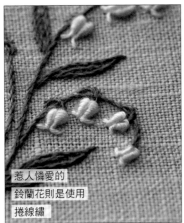

惹人憐愛的
鈴蘭花則是使用
捲線繡

profile Jeu de Fils 高橋亜紀

http://www.jeudefils.com/

刺繡家。經營「Jeu de Fils」工作
室。從小就對刺繡感興趣，居住在法
國期間正式學習刺繡，於當地的刺繡
圈出道。一邊與各地的手藝家進行交
流，一邊開始蒐集古刺繡、布品與相
關資料等，返回日本後成立工作室。
目前除了在工作室與文化中心舉辦講
座，也於雜誌與web上發表作品。

刺繡的基礎筆記

工具・材料

【法國刺繡針 7號】
針眼容易通過多股繡線的尖銳繡針。本次使用1至2股線專用的7號繡針。

【Coton á Broder】
適用於鏤空繡的繡線。這次所使用的是25號與30號。號數越大則越細。

【25號刺繡線】
由6股繡線捻合成1股刺繡線，抽出需要的數量使用。

①繡框 ②描圖紙 ③鐵筆 ④自動筆 ⑤細字簽字筆 ⑥布用複寫紙 ⑦複寫紙 ⑧剪刀

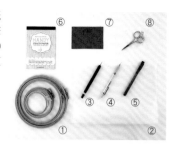

刺繡方法

扇貝形花邊

用於緣飾的繡法。先進行地刺之後再刺繡，就不會透出布料顏色，布紋較為穩定。

1. 進行地刺

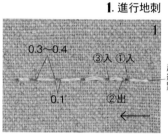
依圖示針法進行平針繡。

0.3～0.4　③入 ①入　起繡點
0.1　②出

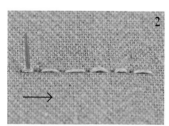
從針目中央分開繡線出針。

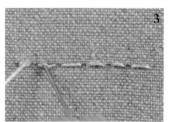
回到隔壁針目1/3位置。

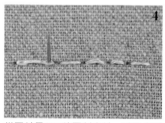
從同針目2/3位置刺出針。重複步驟3至4往回繡。

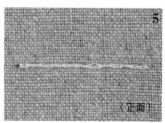
正面完成的模樣。（正面）

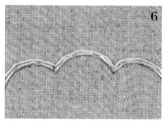
如圖示在圖案的外側進行地刺之後，在內側繡平針繡。

2. 繡扇貝形花邊

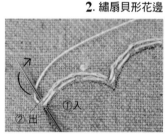
①入 ②出
從圖案凹處起繡，挑縫布料（①入、②出）。線繞針後拔針。以等長的針目繡滿周邊。

浮凸緞面繡

以繡地刺（作芯）的方式，呈現具凸起效果的立體質感緞面繡。

1. 進行地刺

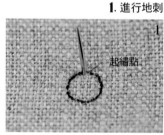
起繡點
從起繡點出針。

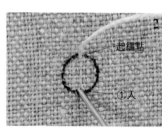
起繡點 ①入
從起繡點的正下方入針（①入）。

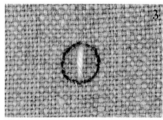
繡好一目的模樣。

重複步驟1至3，繡出交叉狀。

2. 進行緞面繡

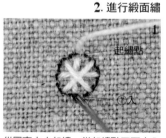
起繡點 ①入
從圖案中央起繡。從起繡點正下方入針（①入）。重複此步驟，填滿右半側。

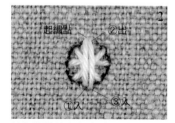
起繡點 ②出 ①入 ③入
於起繡點的右鄰出針，重複步驟1（②出、③入）。圓形的中央部分，為了避免弧線處看起來尖銳，因此在一定範圍內繡成相同長度。

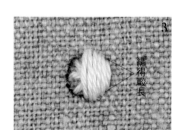
繡得較長
漸漸改變繡線長度，作出差異，繡滿整面。繡至圖形的外緣時，與其限制在圖案內側，不如依圖案輪廓繡得較長，呈現出的曲線更為自然。右側繡完之後從背面出針，穿過穿繡線下方後，繼續繡左半側。

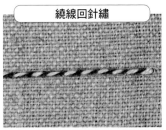

纏繞回針繡針目的繡法。改變繡線顏色可增添裝飾效果。

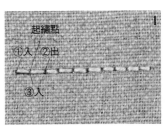

起繡點
①入 ②出
①出
③入

依圖示針法繡回針繡。

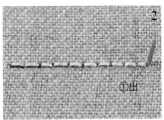

①出

替換繡線，從回針繡末端出針（①出）。

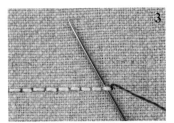

從下往上穿過回針繡第一針目。重複步驟1至3。

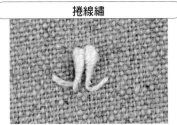

繞線於針的刺繡。在此用於繡製鈴蘭花。

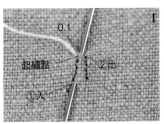

0.1
起繡點 ②出
①入

從起繡點出針。依圖示繡一針後不拔針，從起繡點邊緣出針（①入、②出）

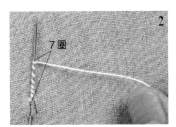

7圈

將線捲繞在繡針上，纏繞7圈。

以拇指輕壓，避免纏繞的線鬆脫，拔針。

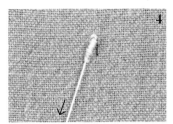

依圖示方向將繡線往下拉。

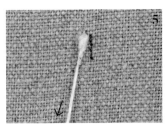

再次用力拉線，調整花朵形狀。

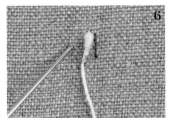

繡花瓣尖端。從捲線繡的末端往上45度左右處刺入，即可繡出良好的平衡。

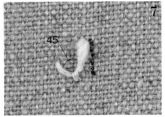

45°

左側繡好了！另一側也依步驟1至6相同方式刺繡。

P.49_ No.56　　手帕～鈴蘭的作法

材料：表布（麻 LINO6262）原寸刺繡圖案D面

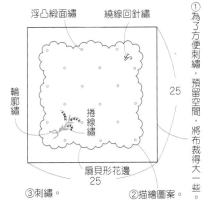

浮凸緞面繡　　繞線回針繡

輪廓繡

捲線繡

扇貝形花邊
25

③刺繡。

②描繪圖案。

25

①為了方便刺繡，預留空間，將布裁得大一些。

以手指輕推扇貝形花邊的邊緣，使其立起。

先大概裁剪扇貝形花邊的周圍。

使用銳利的小剪刀，注意避免剪斷繡線，沿扇貝形花邊的繡線邊緣修剪。

復原前

復原後

將步驟2立起的邊緣恢復原貌。下方是復原後，上方則是復原前的模樣。

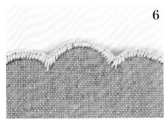

立起邊緣修剪，可作出更加漂亮的成品。

檢查是否有未修剪之處，完成！

□□□□ 享受四季

刺子繡家事布

由刺子繡作家ちるぼる飯田敬子負責的刺子繡連載第4回——
以四條家事布繡出等不及夏日到來的心情。

No.57

ITEM｜香草
作 法｜P.52

百里香、鼠尾草，還有迷迭香……以這個季節旺盛
生長的香草為主題，取深淺綠色繡線斜向連續刺
繡，並在葉片尖端繡上小花的變化。

〔使用繡線〕
上＝NONA細線（深綠・灰）
上起第2條＝NONA細線（淺綠）
下起第2條＝NONA細線（深綠）
下＝NONA細線（淺綠・紅）／NONA
家事布＝DARUMA刺子繡家事布方格線／橫田株式會社

profile

ちるぼる・飯田敬子

刺子繡作家。出生於靜岡縣，在青森縣居
住時期接觸了刺子繡，從此投入學習傳
統刺子繡技法。目前透過個人網站以及
YouTube，推廣初學者也易懂的刺子繡針
法＆應用方式。

[Instagram] @sashiko_chilbol

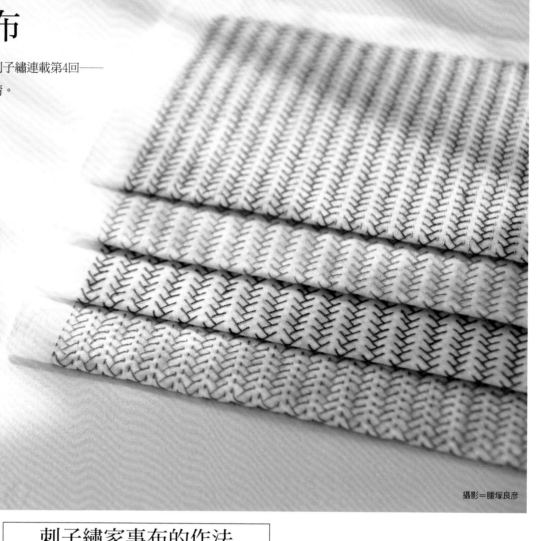

攝影＝腰塚良彥

刺子繡家事布的作法

※為了方便理解，在此更換繡線顏色，並以比實物小的尺寸進行解說。

頂針器的配戴方法

頂針器的圓盤朝下，套入中指根部。

（作家事布製圖）

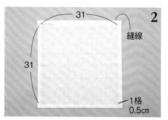

DARUMA刺子繡家事布方格線已繪製格
線。使用漂白布，則要依圖尺寸以加熱
可消除的魔擦筆描繪。

製作家事布＆畫記號

將「DARUMA刺子繡家事布方格線」
正面相疊對摺，在距離布邊0.5cm處平
針縫，接著翻至正面。使用漂白布時
則裁剪成75cm長，以相同方式縫製。

工具

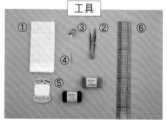

①DARUMA刺子繡家事布方格線（或
漂白布）②線剪 ③頂針器 ④針（有
溝長針）⑤線（NONA細線或木棉
線）⑥尺

順平繡線

每繡1段就以指尖輕輕地順平，以調整
繡線（由於會造成歪斜，因此要輕輕
地順平）。

繡法

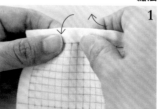

以左手將布料拉往遠側，使用頂針器
從後方推針，於正面出針。重複步驟
1、2。

以左手將布料拉往近側，使用頂針器
一邊推針，一邊以右手拇控制針尖穿
入布料。

持針方法

剪下張開雙臂長度（約80cm）的線
段，取1股線穿針。以食指＆拇指捏
針，頂針器圓盤置於針後方的方式持
針。

[No.57的繡法]

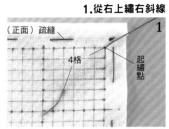
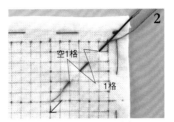
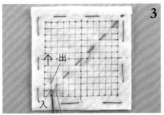

4

背面圖

3

繡到邊緣，不從背面出針，而是穿過布料之間，在上方1格出針。

2

朝左下，跳格交錯繡出右斜線。

1

（正面）疏縫
4格
起繡點

疏縫家事布周圍。
從圖中的位置起繡。
在起繡點的前方4格入針，穿入兩片布料之間（不從背面出針），從起繡點出針。不打結。

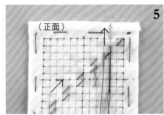
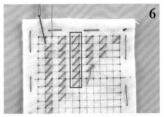

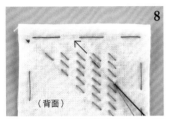

8

以0.2cm左右的針目分開繡線入針，穿過布料之間，於隔壁針目邊緣出針，以相同方式刺繡。

7

繡到邊端就進行完繡處理。翻到背面，避免在正面形成針目，穿入兩片布料之間，在背面針目的邊緣出針。

6

依相同方式持續刺繡，以對齊直排的方式進行。

5

（正面）

朝右上，以步驟1.2至4相同方式刺繡。

2.從左上繡左斜線

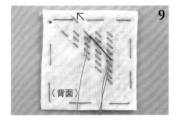
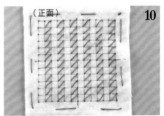
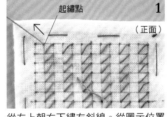
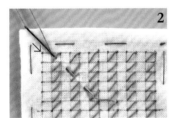

2

改在方格中央出入針，同樣交錯刺繡。

1

起繡點
（正面）

從左上朝右下繡左斜線。從圖示位置起繡。

10

（正面）

剩餘的右半側也以步驟1.1至9相同方式進行。

9

（背面）

繡3目之後，穿入布料之間在遠處出針，剪斷繡線。

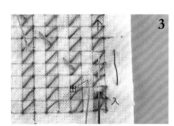

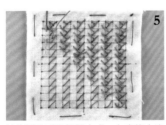
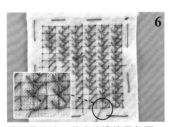

6

繡到最後時，若方格邊緣已無下一格，就從方格角落出針，移動到下一排。

5

以步驟2.2至3相同方式，在方格中央出入針地交錯刺繡。

4

起繡點

繡剩餘的左半側。從圖示位置起繡，繡到邊緣後，以步驟1.3至4相同方式，不在背面出針而是穿過布料之間，在下方1格出針。

3

繡到邊緣時，以步驟1.3至4相同方式，不在背面出針而是穿過布料之間，在上方1格出針。

應用篇（繡花朵）

完成

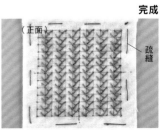

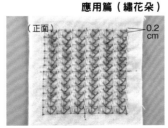
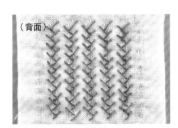

（背面）

繡上花朵後的背面模樣。

（正面）
0.2cm

依喜好繡上花朵。在葉片尖端直向繡0.2cm左右的針目。

（背面）

背面的模樣。

（正面）
疏縫

移除疏縫線，消除畫線，剪去線頭完成了！

圓襬綁帶背心

符合嚴酷夏天的上衣款式，選用
淡紫色亞麻布來表現清爽。亞麻
布通風涼爽、水分蒸發速度快，
夏季出遊時，不再汗流浹背。除
了圓裙，搭配短褲也很合適。

How
to
make
P.64

帽子／攝影師私物
手環・耳環／編輯私物
鞋子／NOUR

作者：溫室 Studio Wens 溫可柔
攝影：Muse Cat Photography 吳宇童
模特兒：省子
圖文整理：劉蕙寧

縐褶鬆緊圓裙

選擇以格子布製作的皺褶鬆緊圓裙，
隨著裁剪方向呈現出不同的感覺。

How
to
make
P.66

上衣利用綁帶的方式，調整成理想的領圍。

Sewing studio
温室裁縫師

手工縫製的
温柔系棉麻質感日常服

温室裁縫師
手工縫製的温柔系棉麻質感日常服

温可柔◎著
平裝／ 136 頁／ 21×26cm
彩色＋單色
定價 520 元

Halter
top

圓襬綁帶背心

■ **完成尺寸**（Free Size）

衣長 58cm

胸圍 112cm

■ **材料**

中亞麻布（淺芋色）………… 寬 140×80cm

■ **原寸紙型**

（請參閱《温室裁縫師：手工縫製的温柔系棉麻質感日常服》）

1. 前身片
2. 後身片
3. 前貼邊
4. 後貼邊
5. 領口綁帶
6. 袖口滾邊

裁布圖

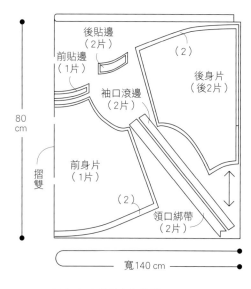

後貼邊
（2片）

前貼邊
（1片）

（2）

後身片
（後2片）

袖口滾邊
（2片）

80
cm

摺雙

前身片
（1片）

（2）

領口綁帶
（2片）

寬140 cm

※（　）中的數字為縫份。
　除指定處之外，縫份皆為1cm。

1.製作領口綁帶

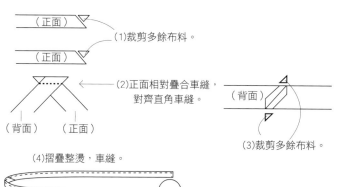

（正面）

（正面）

(1)裁剪多餘布料。

（背面）　（正面）

(2)正面相對疊合車縫，
　　對齊直角車縫。

（背面）

(3)裁剪多餘布料。

(4)摺疊整燙，車縫。

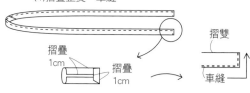

摺疊
1cm

摺疊
1cm

摺雙

車縫

縫製順序

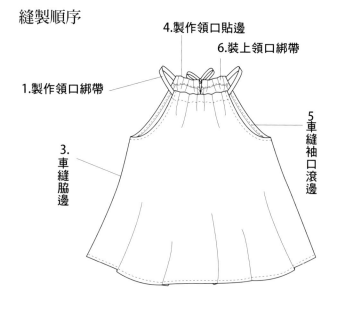

4.製作領口貼邊

6.裝上領口綁帶

1.製作領口綁帶

3.
車縫脇邊

5
車縫袖口滾邊

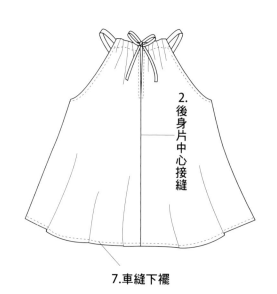

2.後身片中心接縫

7.車縫下襬

2.後身片中心接縫

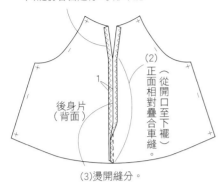

(1)縫份各自進行Z字形車縫。

(2)（從開口至下襬）正面相對疊合車縫。

1

後身片（背面）

(3)燙開縫分。

4.製作領口貼邊

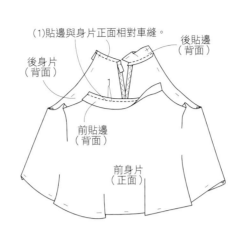

(1)貼邊與身片正面相對車縫。

後身片（背面）

後貼邊（背面）

前貼邊（背面）

前身片（正面）

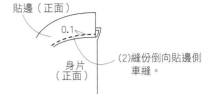

貼邊（正面）

0.1

身片（正面）

(2)縫份倒向貼邊側車縫。

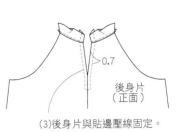

0.7

後身片（正面）

(3)後身片與貼邊壓線固定。

3.車縫脇邊

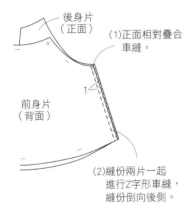

後身片（正面）

(1)正面相對疊合車縫。

前身片（背面）

1

(2)縫份兩片一起進行Z字形車縫，縫份倒向後側。

5.車縫袖口滾邊

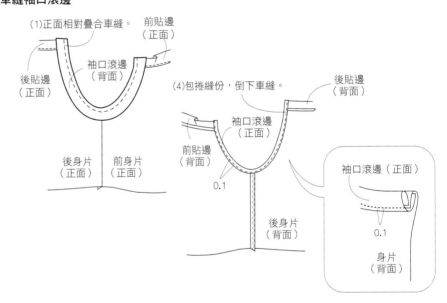

(1)正面相對疊合車縫。

前貼邊（正面）

後貼邊（正面）

袖口滾邊（背面）

後身片（正面）

前身片（正面）

(4)包捲縫份，倒下車縫。

後貼邊（背面）

袖口滾邊（正面）

前貼邊（背面）

0.1

後身片（背面）

袖口滾邊（正面）

0.1

身片（背面）

6.裝上領口綁帶

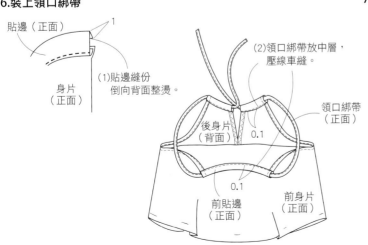

貼邊（正面）

1

(1)貼邊縫份倒向背面整燙。

身片（正面）

(2)領口綁帶放中層，壓線車縫。

後身片（背面）

0.1

領口綁帶（正面）

0.1

前貼邊（正面）

前身片（正面）

7.車縫下襬

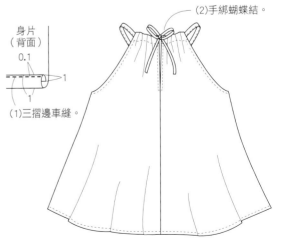

身片（背面）

0.1

1

1

(1)三摺邊車縫。

(2)手綁蝴蝶結。

Circular skirt

縐褶鬆緊圓裙

■ **完成尺寸（Free Size）**
腰圍 69 至 99cm（27 至 39 吋）
裙長 82cm

■ **材料**
亞麻布（格紋）……寬 140×210 cm
黏著襯（白色）………寬 9×36.5 cm
鬆緊帶（1 吋）………34.5cm（腰圍一半）

■ **原寸紙型**
（請參閱《溫室裁縫師：手工縫製的溫柔系棉麻質感日常服》）
1. 裙片
2. 前腰頭
3. 後腰頭
4. 口袋

how to make

裁布圖

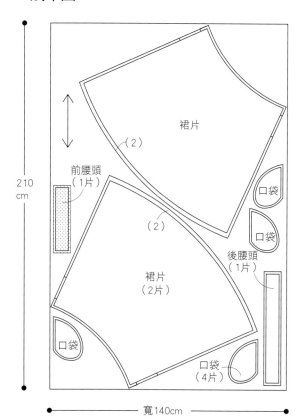

裙片
（2）

前腰頭
（1片）

口袋

裙片
（2片）

後腰頭
（1片）

口袋

口袋
（4片）

210
cm

寬140cm

※（ ）中的數字為縫份。
　除指定處之外，縫份皆為1cm。
※在 ▨▨ 的背面貼上黏著襯。

準備
　前腰頭背面貼上黏著襯。

前腰頭（1片）

縫製順序

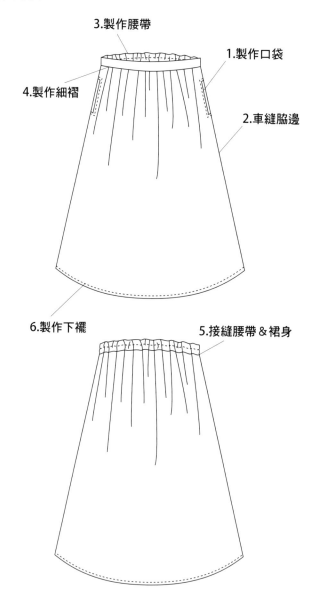

3.製作腰帶

1.製作口袋

4.製作細褶

2.車縫脇邊

6.製作下襬

5.接縫腰帶＆裙身

5.接縫腰帶＆裙身

1.製作口袋

（ 請參考《溫室裁縫師：手工縫製的溫柔系棉麻質感日常服》
寬鬆抽繩洋裝4.製作隱形口袋 P.83）

2.車縫脇邊

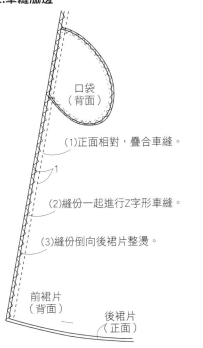

口袋
（背面）

(1)正面相對，疊合車縫。

(2)縫份一起進行Z字形車縫。

(3)縫份倒向後裙片整燙。

前裙片
（背面）

後裙片
（正面）

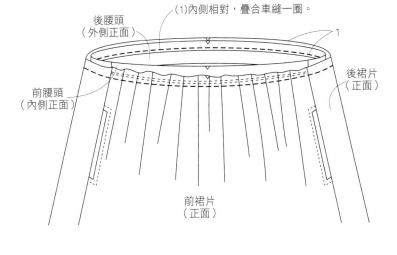

後腰頭
（外側正面）

(1)內側相對，疊合車縫一圈。

前腰頭
（內側正面）

後裙片
（正面）

前裙片
（正面）

(3)正面車縫壓線於腰頭上一圈，
順序為：脇邊-前中心-脇邊-後中心-脇邊
（不壓鬆緊帶）。

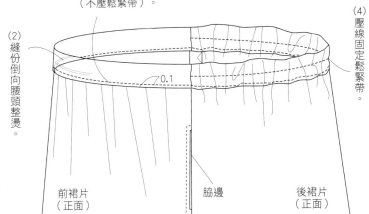

(2)縫份倒向腰頭整燙。

0.1

(4)壓線固定鬆緊帶。

前裙片
（正面）

脇邊

後裙片
（正面）

3.製作腰帶

（ 請參考《溫室裁縫師：手工縫製的溫柔系棉麻質感日常服》
大圓褲裙6.製作腰頭 P.67）

4.製作細褶

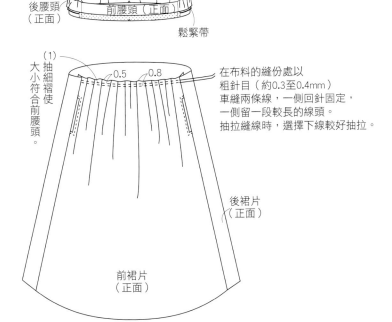

後腰頭
（正面）

前腰頭（正面）

鬆緊帶

(1)
大小符合前腰頭。
抽細褶使

0.5   0.8

在布料的縫份處以
粗針目（約0.3至0.4mm）
車縫兩條線，一側回針固定，
一側留一段較長的線頭。
抽拉縫線時，選擇下線較好抽拉。

後裙片
（正面）

前裙片
（正面）

6.製作下襬

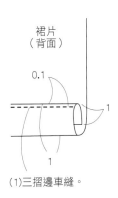

裙片
（背面）

0.1

1

(1)三摺邊車縫。

王棉幸福刺繡
可愛又時尚！臺灣野鳥刺繡

王棉◎著
平裝96頁／14.8cm×21cm／彩色+單色
定價420元

內附
圖案

串接歷史工藝&現代設計，打造剛柔兼具的個性飾界

人們初看我的作品時會很好奇，不鏽鋼這麼硬的素材為何有辦法化為繞指柔？到底是如何完成的？為什麼有的作品可以柔情萬種，有的作品堅不可摧？由於我喜愛鑽研Chainmail技法，並嘗試三種以上的變化方式，幫助我在教學時引導學生變化，而不是只用一種方式套公式來完成。

人生沒有公式，創作也一樣，使用不同Chainmail技法的創作作品需要與不同的元素組合，而創作最重要的是過程與感受。在過程裡有挫敗、有壓力、有氣憤、有想放棄，但也因此才激發我不斷挑戰新嘗試，直到作品的雛形漸漸明朗時，迎來開心、滿足與成就感；這些都是Chainmail吸引我，且使我一直保有對Chainmail的熱情，支持我不斷創作與挑戰的動力。

作品設計・製作・示範教學・作品欣賞圖※・作法文字提供／瑪琪朵（Chichi）
作品欣賞圖＋作法攝影／Muse Cat Photography吳宇童
採訪執行・企畫編輯／陳姿伶

用一般手藝材料行購買的單圈、C圈就可以製作嗎？不鏽鋼材質有什麼優點？

A 是的，一般手藝行有賣的C圈不論是銅圈、電鍍C圈、不鏽鋼C圈都可用來製作，只是每家手藝行的單圈尺寸不同，線徑也可能不一樣，是選擇時要注意的地方。

不鏽鋼材質不怕過敏、氧化，甚至可以帶著泡溫泉喔！清洗上只要用洗碗精加清水搓洗後擦乾即可，好保養又好保存。

Chainmail是新的手藝創作嗎？

A 不是喔！早在中古世紀 Chainmail 就被應用在戰士們身上所穿的盔甲，用來製作保護身體阻擋兵器的戰服，是一項歷史悠久的手工藝了。

Chainmail的主材料是單圈？簡單一句話，介紹Chainmail的作法吧！

A 是的，簡單的說 Chainmail 就是將不同尺寸或同尺寸的單圈藉由不同技法來設計不同的圖案，同時能創造具象或單純排列的美感。

請分享三個Chainmail的手作魅力特點！

A ★ Chainmail 單圈取得容易。
★ 製作 Chainmail 時只要單一支寬口鉗、一支尖嘴鉗，兩支工具就能開工。
★ Chainmail 的技法與變化有千百種，讓你玩不膩。

曾經創作過哪些類型的作品？

A 除了飾品之外，有具象的作品像是天使、羽毛、鑰匙……等；另外還有實用型的作品，如小夜燈、水壺袋、口金包、名片架……等。

作法難嗎？沒有手作經驗的人也好上手嗎？

A 就像所有的手工藝一樣，有適合初學者的技法，也有進階挑戰難度的技法，別擔心，我們可以一步一步慢慢來瞭解。

不鏽鋼摩天輪胸針

起初只是想試試新技法還能有什麼變化？還能挑戰更多的驚喜嗎？

在不斷嘗試多種尺寸，直到設計出圓形圖案時童心大爆發，看著成品一個畫面閃現腦中——

單圈直向的部分像極了摩天輪上一根根支架，每個單圈就像乘載了每個人的夢想般慢慢起飛；

「就是它了，摩天輪！」當心裡響起這聲音，作品才真的設計完成了！

Introduction

創作者
瑪琪朵（Chichi）

擅長以Chainmail 設計作品，素材以不鏽鋼材質為主。從2012年還無人從事相關教學且訊息很少時接觸Chainmail並開始自學，2015年起投入教學，至今已與Chainmail結緣10年。喜歡多元的創作風格，不自我設限，每個月都會推出新作品教學，並在粉專上不定期更新Chainmail作品＆課程資訊，希望能有更多人認識Chainmail的魅力。

※ 設計作品有時是先命名再為其創作，有時則先完成了創作才命名，保有柔軟彈性的想像力及童心是不可或缺的要領。

粉專：f 瑪琪朵飾覺系Chainmail Jewelry　　instagram.com/chichi6437

Point !

開啟&密合單圈的正確方式

寬口鉗置於右手，尖嘴鉗置於左手，兩支鉗子如圖示呈 90 度夾住單圈。

開單圈時，右手寬口鉗往自己方向斜內側開啟，左手的尖嘴鉗不動才能固定單圈。

※ 密合單圈時，依相同手法，一手固定、另一手往反方向閉合。

檢查單圈的密合度！

NG 密合的單圈：單圈上下不平整、有缺口，平放時單圈不是完整的圓形。

正確密合的單圈：單圈完全平整、無缺口，平放時單圈是完整的圓形。

技法 Turkish Chain

材料

方圈 1.2×8mm　10 個
單圈 A：0.8×6mm　30 個、B：0.8×4mm　4 個
摩根石 6mm　1 個
不鏽鋼小墊片　2 個
不鏽鋼 9 針　1 根
不鏽鋼 20mm 圓形墜片　1 個
2cm 別針　2 個
E6000 快乾膠　少許
毛根　1 條
※ 開始製作前，請先將所有方圈密合備用。

作法步驟

1

在 20mm 圓形墜片背面，以快乾膠黏上 2 個 2cm 別針備用（靜置約 10 分鐘等待凝固黏牢）。

2

9 針依序穿入 1 個小墊片→ 1 顆 6mm 摩根石→ 1 個小墊片

3

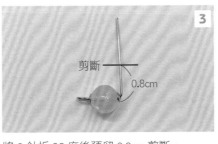

剪斷
0.8cm

將 9 針折 90 度後預留 0.8cm 剪斷。

4

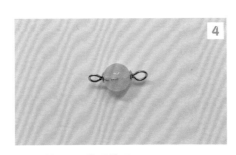

將針端如圖示繞圓備用。

5

取 1 個單圈 A（①）穿入毛根。

6

從左側加入 1 個方圈（②）。

7

再取 1 個開啟的單圈 A（③），從方圈的左側勾住①後密合。

①+2 個單圈 A

密合①，並在相同位置補上 2 個單圈 A，摩天輪基座完成。

將預作好的摩根石配件放在基座中央，9 針各配置在 2 個方圈之間。

單圈 B　　單圈 B

單圈 B　　單圈 B

開啟 4 個單圈 B，在圖示位置固定 9 針及方圈後密合。

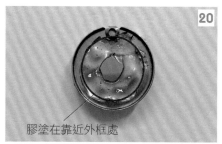

膠塗在靠近外框處

將步驟 1 的圓形墊片上端圓孔往下摺，並在圓盤上塗膠（盡量將膠塗在外圓處）。

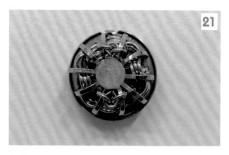

黏上作品主體，不鏽鋼摩天輪胸針完成！

⑦
⑧
⑨

取下毛根、密合單圈 A（⑦），再繼續加上 2 個單圈（⑧⑨）。

★

重複步驟 11 至 13，共加入 9 個方圈後，將最後的 3 個單圈（★）加上毛根。

☆

★

①

開啟第一個單圈 A（①），並從毛根處加入第 10 個方圈（☆），預備連結頭尾（①與★），圍合成圓圈。

★

①

以①勾住毛根處的 3 個單圈 A（★）後，取出毛根。

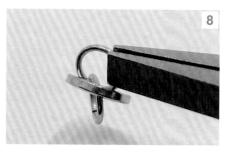

取下毛根

③
④
⑤

在③旁邊再加入 2 個單圈 A（④⑤）。

毛根如圖示穿過 3 個單圈 A。

⑥

從毛根側加入 1 個方圈（⑥）。

⑦

另取 1 個打開的單圈 A（⑦），穿過 3 個單圈。

66

攝影＝回里純子　造型＝西森 萌　妝髮＝タニジュンコ　模特兒＝千步

YOKO KATO

方便好用的
圍裙＆小物

縫紉作家・加藤容子老師至今為止所製作過的圍裙
數量已達200件以上！本次要介紹在汗水淋漓的夏季
裡，最適合的圍裙＆使用剩布製作的小物。

Back Style

可放入2斤土
司的方便尺寸

No.**58**　ITEM｜圍兜式圍裙
　　　作 法｜P.112

No.**59**　ITEM｜麵包收納布盒
　　　作 法｜P.113

能漂亮展現大印花圖案，只需車縫直線就能
完成的圍兜式圍裙。任何人都適合穿著的簡
單設計，就是它的魅力！麵包收納布盒附有
蓋子因此不怕灰塵，還具有簡潔遮物的效
果。

表布＝牛津布by kippis（KPO-59B）／株式會社
TSUCREA

profile
加藤容子

裁縫作家。目前在各式裁縫書籍和雜誌中刊
載許多作品。為了能夠達成「任何人都容易
製作，並且能漂亮完成」的目標，每一件創
作都是謹慎地檢視作法＆反覆調整製作而
成，因此發表作品皆深具魅力。近期著作
《今日作って明日着る服（暫譯：今天作明
天穿的服飾）》Boutique社出版。
https://blog.goo.ne.jp/peitamama
@yokokatope

No.58

No.59

☑ 不需要攤開大張紙型複寫。

☑ 已含縫份，列印後只需沿線裁下就能使用。

☑ 免費提供，萬一有所遺漏，也能輕鬆再次下載。

| 手作新提案 |

直接列印
含縫份的紙型吧！

本期刊載的部分作品，
可以免費自行列印含縫份的紙型。

No.12・13 帆船波奇包

No.14　燈塔波奇包

No.45 獅子波奇包

那麼，立刻試著
動手列印吧！

No.47 鱷魚波奇包

No.46 白熊波奇包

No.50 發光水母波奇包　　No.48 馬來獏波奇包

3

點選＜カートに入れる（放入購物車）＞

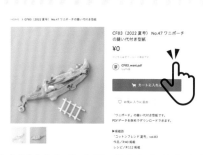

CF83（2022夏号）No.47 ワニポーチ
の縫い代付き型紙

¥0

CF83_wani.pdf

カートに入れる

1

進入COTTON FRIEND PATTERN SHOP

https://cfpshop.stores.jp/

※作法頁面也有QR Code及網址。

COTTON FRIEND PATTERN SHOP

HOME　ITEM　CATEGORY

4

點選＜ゲスト購入する（訪客購買）＞

カートに入っているアイテム

アイテム名	価格	個数	
CF83（2022夏号）No.47 ワニポーチの縫い代付き型紙	¥0	1	¥0
		合計	¥0

ログインして購入する

ゲスト購入する

ショッピングを続ける

2

選擇要下載的紙型，點一下。

HOME　ITEM　CATEGORY

CF83（2022夏号）No.47 ワニポーチの縫い代
付き型紙
¥0

CF83（2022夏号）No.48 バクポーチの縫い代
付き型紙
¥0

填寫必填欄位後，點按
＜内容のご確認へ（內容確認）＞

・請填入姓名、電話與電子郵件信箱。
・若不加入會員、也不需要收到電子報與最新資訊，可將下方的＜情報登錄＞取消勾選。

點選＜注文する（購買）＞

・確認以上內容，勾選＜以下に同意する（同意）＞欄，再點選＜注文する（購買）＞。

點選＜ダウンロード（下載）＞

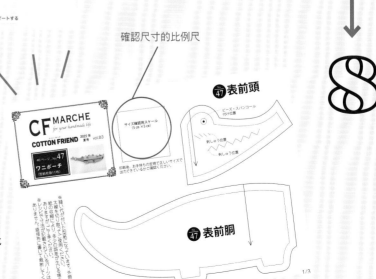

確認尺寸的比例尺

紙型下載完成！

・直接存在桌面，準備列印。
・原寸請使用A4紙張列印（若是設定成「配合紙張大小列印」，將無法以正確尺寸印出，請務必加以確認）。
・印出後請務必確認張數無誤，並檢查列印紙上「確認尺寸的比例尺」是否是原寸5cm×5cm。

完成尺寸	材料
寬59×長30×側身18cm（提把28cm）	表布（壓棉布）95cm×140cm或表布（平織布‧接著鋪棉）95cm×140cm
原寸紙型	配布A（平織布）20cm×10cm
A面	配布B（平織布）10cm×10cm／裡布（亞麻布）110cm×130cm
	出芽滾邊條 粗0.4cm 240cm
	VISLON雙開 拉鍊 60cm 1條

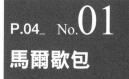

P.04_ No.01
馬爾歇包

3. 製作表本體

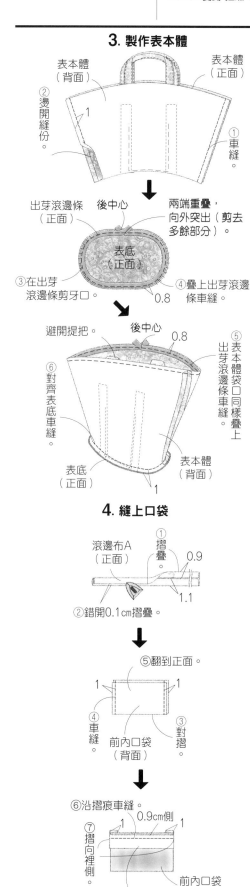

4. 縫上口袋

2. 接縫提把

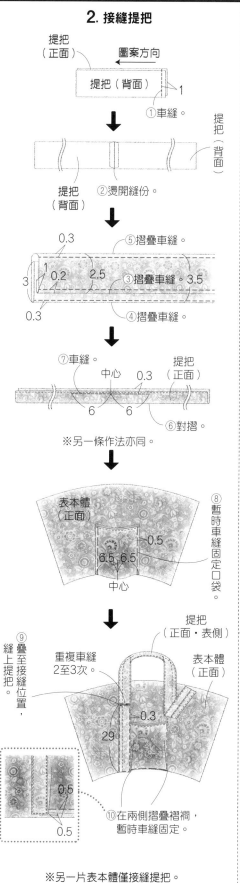

※另一片表本體僅接縫提把。

裁布圖

※提把及內口袋無原寸紙型，請依標示尺寸（已含縫份）直接裁剪。

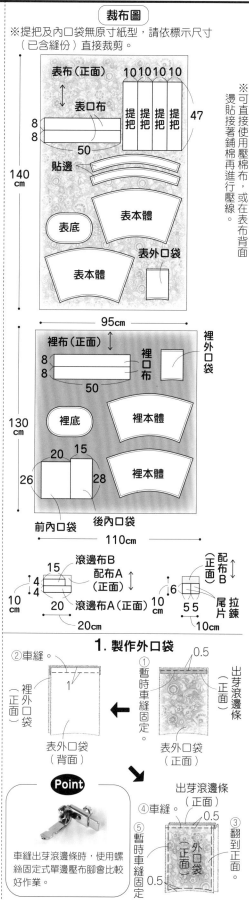

1. 製作外口袋

Point
車縫出芽滾邊條時，使用螺絲固定式單邊壓布腳會比較好作業。

70

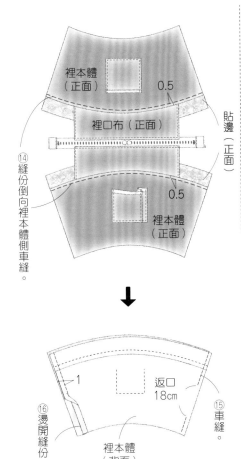

裡本體（正面）

0.5

裡口布（正面）

貼邊（正面）

⑭縫份倒向裡本體側車縫。

0.5

裡本體（正面）

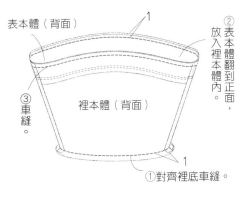

1

返口 18cm

⑯燙開縫份。

⑮車縫。

裡本體（背面）

6. 套疊表本體&裡本體

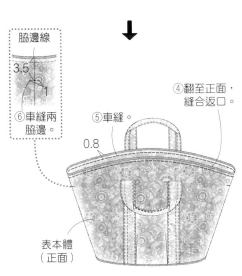

表本體（背面）

1

②表本體翻到正面，放入裡本體內。

③車縫。

裡本體（背面）

①對齊裡底車縫。

1

脇邊線

3.5

1

⑥車縫兩脇邊。

0.8

④翻至正面，縫合返口。

⑤車縫。

表本體（正面）

5. 接縫口布

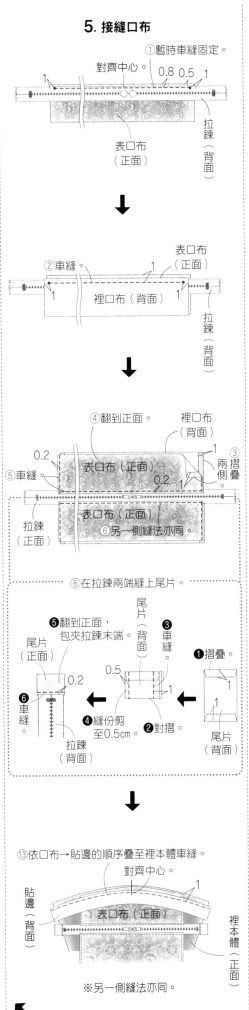

①暫時車縫固定。

對齊中心

0.8 0.5 1

1

1

拉鍊（背面）

表口布（正面）

②車縫。

表口布（正面）

1

裡口布（背面）

1

1

拉鍊（背面）

④翻到正面。

裡口布（背面）

0.2

表口布（正面）

1

③兩側摺疊

⑤車縫

0.2 1

表口布（正面）

拉鍊（正面）

⑥另一側縫法亦同。

⑥在拉鍊兩端縫上尾片。

❺翻到正面，包夾拉鍊末端。

尾片（正面）

尾片（背面）

❸車縫

❶摺疊。

1

0.2

0.5 1

❻車縫。

❹縫份剪至0.5cm。

❷對摺。

1

尾片（背面）

拉鍊（背面）

⑬依口布→貼邊的順序疊至裡本體車縫。

對齊中心。

貼邊（背面）

表口布（正面）

1

裡本體（正面）

※另一側縫法亦同。

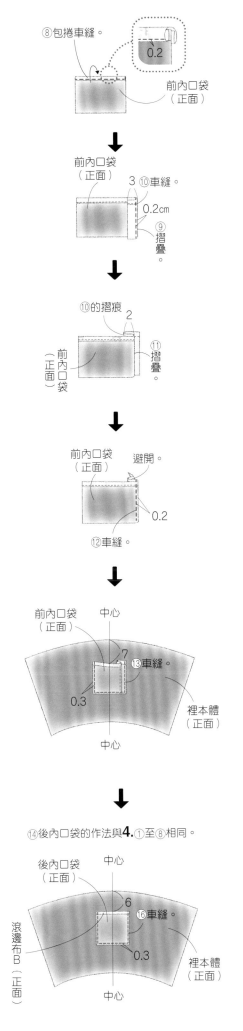

⑧包捲車縫。

0.2

前內口袋（正面）

前內口袋（正面）

3

⑩車縫。

0.2cm

⑨摺疊。

⑩的摺痕

2

⑪摺疊。

前內口袋（正面）

前內口袋（正面）

避開。

0.2

⑫車縫。

前內口袋（正面）

中心

7

⑬車縫。

0.3

中心

裡本體（正面）

⑭後內口袋的作法與**4.**①至⑧相同。

後內口袋（正面）

中心

6

⑯車縫。

滾邊布B（正面）

0.3

中心

裡本體（正面）

完成尺寸	材料
寬17×長8×側身8cm	**表布**（平織布）30cm×35cm
原寸紙型	**裡布**（斜紋布）40cm×35cm
無	**接著鋪棉**（柔軟）30cm×35cm
	金屬拉鍊 16cm 1條／**毛球** 直徑3cm 1顆

方型壓線波奇包

裁布圖

※標示的尺寸已含縫份。

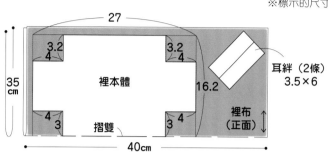

裡本體

3.2 / 4 / 35cm / 4 / 3 / 摺雙 / 40cm

耳絆（2條）3.5×6

裡布（正面） 16.2

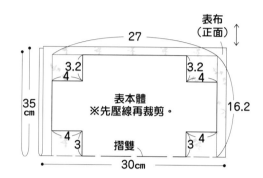

表布（正面）

27 / 3.2 / 4 / 35cm / 4 / 3 / 摺雙 / 30cm

表本體 ※先壓線再裁剪。 16.2

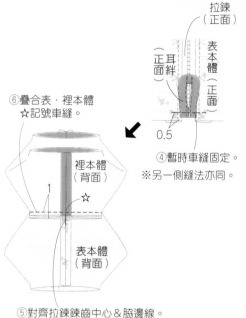

⑥疊合表・裡本體☆記號車縫。

裡本體（背面）
表本體（背面）
1 / ☆

⑤對齊拉鍊鍊齒中心&脇邊線。

1

裡本體（背面）
表本體（背面）

⑦車縫對齊脇邊線&底中心線（共四個位置）。

⑧翻到正面，縫合返口。

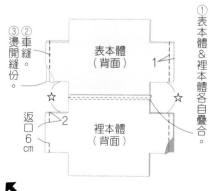

表本體（正面）

⑨將毛球止縫固定於拉鍊拉片上。

拉鍊（正面）
耳絆（正面）
表本體（正面）
0.5

④暫時車縫固定。
※另一側縫法亦同。

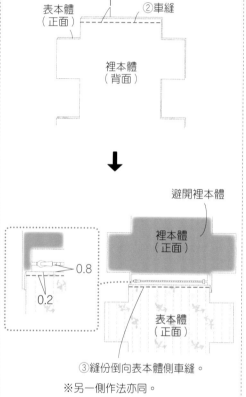

表本體（正面）
①車縫
②車縫

裡本體（背面）

避開裡本體

裡本體（正面）
0.8 / 0.2
表本體（正面）

③縫份倒向表本體側車縫。
※另一側作法亦同。

4. 縫合本體

③燙開縫份。
②車縫
表本體（背面）
1
☆ / ☆
返口6cm
裡本體（背面）
2

①表本體&裡本體各自疊合。

---

1. 製作耳絆

耳絆（正面）
0.2
③車縫。

①摺往中央接合。

②對摺。

正面耳絆
④暫時車縫固定
0.5

※製作2條。

2. 在表本體上壓線

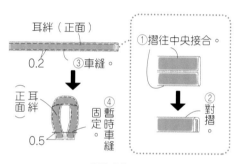

30 / 中心 / 0.5
35
表布（正面）
接著鋪棉

①在表布背面燙貼接著鋪棉。

②從中心開始，每間隔0.5cm機縫壓線。
③依<裁布圖>裁剪。

3. 接縫拉鍊

①暫時車縫固定
對齊中心。

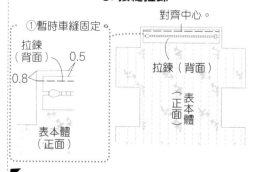

拉鍊（背面）0.5
0.8
表本體（正面）

拉鍊（背面）
表本體（正面）

完成尺寸
寬17.5×長7×側身7cm

原寸紙型
A面

材料
表布A（平織布）25cm×25cm
表布B（平織布）50cm×10cm
裡布（平織布）35cm×50cm
接著襯a（不織布硬挺）25cm×25cm
接著襯b（厚）35cm×35cm
接著鋪棉（Spider100）50cm×35cm
盒型口金（寬17.5cm 高6.5cm）1個

P.04_ No.02
方盒口金波奇包

3. 製作表本體

0.5
0.8
0.3
1.2
留下約10cm線頭。

①粗針目車縫。
表側身（正面）

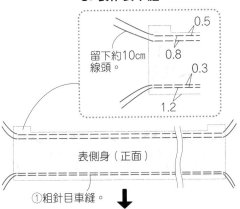

②拉線抽出皺褶（縫法與裡本體相同）。
③縫份全部燙開。
表本體（正面）
表側身（背面）
1
1
對齊中心。

4. 疊合表・裡本體

③疊合表本體＆裡本體車縫。

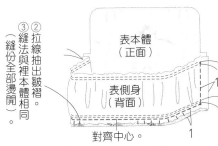

0.2
裡本體（正面）
②裡本體放入表本體內。
表側身（正面）
0.2
①縫份摺往背面。
※拆下粗針目縫線。

5. 安裝口金

①在蓋側的口金（朝內側的一邊）溝槽塗膠，將本體推入溝槽。
②以錐子將紙繩推入溝槽。

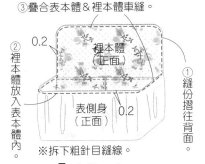

裡本體（正面）
③兩側紙繩剪得比口金短0.5cm後推入。
④以鉗子夾合鉚釘上方的口金框。
表側身（正面）
墊布
⑤另一側同樣安裝口金。

盒型口金的安裝方法
※亦收錄於繁體中文版《手作誌54》別冊「手作基礎講義」P.33。
https://www.boutique-sha.co.jp/cf83_p04no02/

裁布圖

※內口袋無原寸紙型，請依標示尺寸（已含縫份）直接裁剪。
※▨▨▨處需於背面燙貼接著襯a。
※∴∴∴處需沿背面完成線燙貼接著襯b。
※□□□處需於背面燙貼接著鋪棉。

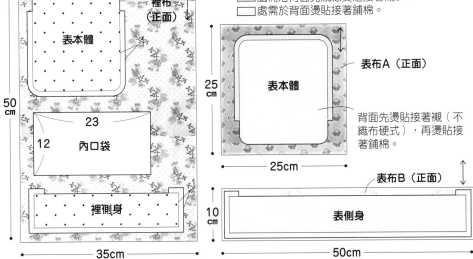

裡布（正面）
表本體
1
23
12
內口袋
50cm
35cm
1

25cm
表布A（正面）
表本體
背面先燙貼接著襯（不織布硬式），再燙貼接著鋪棉。
25cm

表布B（正面）
表側身
10cm
50cm

2. 製作裡本體

①在兩側身接縫止點間車縫。

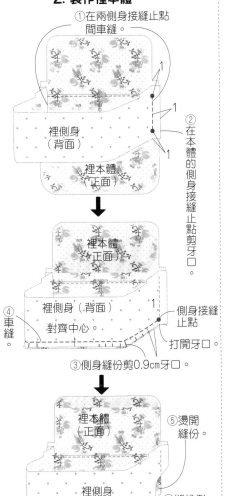

裡側身（背面）
裡本體（正面）
1
1
②在本體的側身接縫止點剪牙口。

④車縫。
裡側身（背面）
裡本體（正面）
1
③側身縫份剪0.9cm牙口。
側身接縫止點
打開牙口。
對齊中心。

裡本體（正面）
裡側身（背面）
⑤燙開縫份。
⑥縫份倒向底側。

1. 製作內口袋

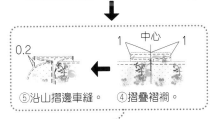

①對摺。
1
內口袋（背面）
②車縫。

③翻到正面，車縫山摺側。
內口袋（正面）
0.3
摺雙側

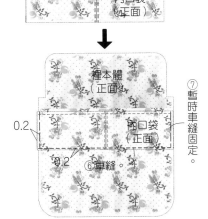

0.2
1
中心
1
④摺疊褶襉。
⑤沿山摺邊車縫。

內口袋（正面）
裡本體（正面）

裡本體（正面）
0.2
內口袋（正面）
0.2
⑥車縫。
⑦暫時車縫固定。

竹節提把包

完成尺寸
寬27×長27.5×側身11cm
（提把約29cm）

原寸紙型
A面

材料
表布（平織布）75cm×75cm
配布（亞麻布）75cm×75cm
接著襯 15cm×10cm
接著鋪棉 45cm×75cm
D型環 15mm 1個／問號鉤 10mm 1個
螺絲固定式提把（寬11cm 高16cm）1組

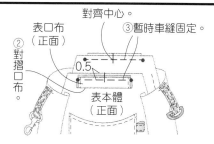

③暫時車縫固定。
對齊中心
②表口布（正面）
②對摺口布。
0.5
表本體（正面）

7. 製作裡本體

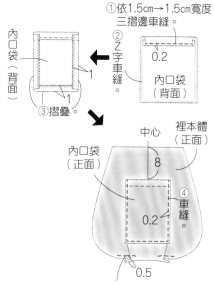

①依1.5cm→1.5cm寬度三摺邊車縫。
內口袋（背面）
②Z字車縫。
0.2
內口袋（背面）
③摺疊
1
1
中心
內口袋（正面）
裡本體（正面）
8
0.2
④車縫。
⑤摺疊方向與表本體褶襇相反，暫時車縫固定。
0.5

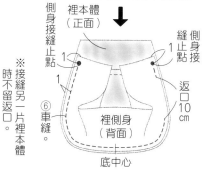

側身接縫止點
裡本體（正面）
1
縫側身接
止身接
點縫
返口10cm
1
※接縫時不留返口。
裡側身（背面）
⑥車縫。
底中心
※接縫另一片裡本體

7. 套疊表本體＆裡本體

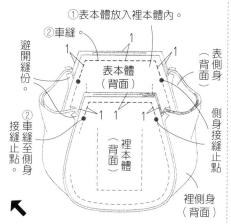

①表本體放入裡本體內。
②車縫
1
避開縫份。
表本體（背面）
表側身（背面）
1
1
1
②車縫接縫止點。
接縫止點至側身。
側身接縫止點
裡本體（背面）
裡側身（背面）

褶襇摺法
由斜線的低處摺疊
往低處摺疊的高處

2. 製作表本體

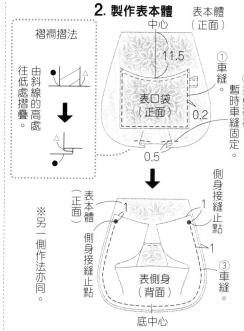

表本體（正面）
中心
11.5
①車縫
②摺疊褶襇，暫時車縫固定。
表口袋（正面）
0.2
0.5
側身接縫止點
表本體（正面）
1
1
側身接縫止點
表側身（背面）
①車縫。
底中心
※另一側作法亦同。

3. 製作吊耳B

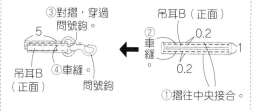

③對摺，穿過問號鉤。
5
吊耳B（正面）
②車縫。
0.2
0.2
1
吊耳B（正面）
④車縫。
問號鉤
①摺往中央接合。

4. 製作吊耳C

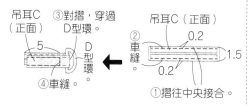

吊耳C（正面）
③對摺，穿過D型環。
5
D型環
吊耳C（正面）
②車縫。
0.2
1.5
0.2
④車縫。
①摺往中央接合。

5. 製作口布

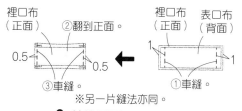

裡口布（正面）
②翻到正面。
裡口布（正面）
表口布（背面）
0.5
1
0.5
1
③車縫。
①車縫。
※另一片縫法亦同。

6. 接縫吊耳B・C・口布

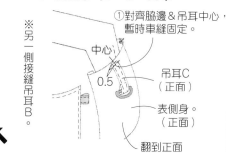

①對齊脇邊＆吊耳中心，暫時車縫固定。
※另一側接縫吊耳B。
中心
0.5
吊耳C（正面）
表側身（正面）
翻到正面

裁布圖

※表・裡側身、表・裡口布、吊耳A至C及內口袋無原寸紙型，請依標示尺寸（已含縫份）直接裁剪。
※▨▨▨處需於背面燙貼接著襯。
※□處需於背面燙貼接著鋪棉。
※∣處需剪牙口作合印記號。

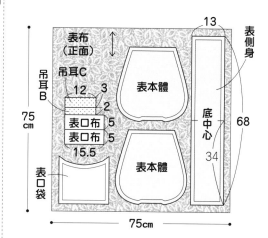

表布（正面）
13
表側身
吊耳C
吊耳B
12 3
2
表口布 5
表口布 5
15.5
表本體
表本體
底中心
68
34
表口袋
75cm
75cm

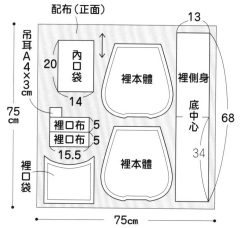

配布（正面）
13
裡側身
吊耳A 4×3cm
20
內口袋
14
裡本體
底中心
68
裡口布 5
裡口布 5
15.5
裡本體
34
裡口袋
75cm
75cm

1. 製作口袋

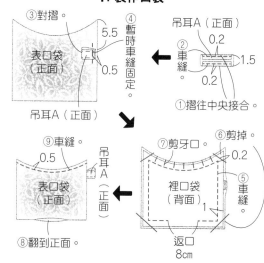

③對摺。
5.5
④暫時車縫固定。
吊耳A（正面）
②車縫。
0.2
1.5
0.2
表口袋（正面）
0.5
吊耳A（正面）
①摺往中央接合。
⑨車縫
⑦剪牙口
0.5
⑥剪掉
0.2
表口袋（正面）
吊耳A（正面）
裡口袋（背面）
1
⑤車縫。
⑧翻到正面。
返口8cm

8. 接縫提把

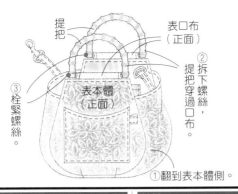

提把

表口布（正面）

③栓緊螺絲。

表本體（正面）

②拆下螺絲，提把穿過過口布。

①翻到表本體側。

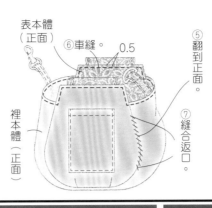

表本體（正面）

⑥車縫。

0.5

⑤翻到正面。

裡本體（正面）

⑦縫合返口。

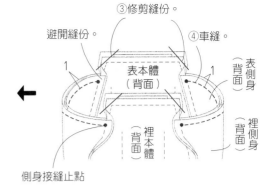

③修剪縫份。

避開縫份。

④車縫。

表本體（背面）

1

1

表側身（背面）

裡側身（背面）

裡本體（背面）

側身接縫止點

完成尺寸	材料	
寬44×長31×側身13cm（提把32cm）	表布（8號帆布）50cm×100cm	**P.24_ No.32**
原寸紙型	裡布（牛津布）70cm×75cm	**皮革提把托特包**
C面	附固定釦皮提把 寬1.5cm 1組	
	四合釦 11mm 1組	

---

2. 製作表本體

1

②摺疊。

表本體（背面）

①依 **1.**-⑤至⑧作法縫製表本體。

3. 套疊表本體＆裡本體

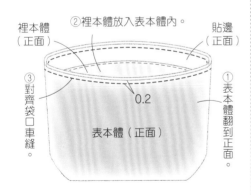

裡本體（正面）

②裡本體放入表本體內。

貼邊（正面）

③對齊袋口車縫。

0.2

①表本體翻到正面。

表本體（正面）

4. 安裝提把

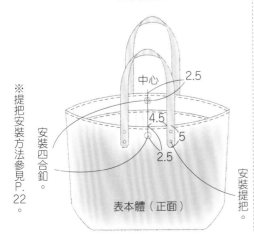

中心 2.5

4.5

5

2.5

安裝四合釦

安裝提把

※提把安裝方法參見P.22。

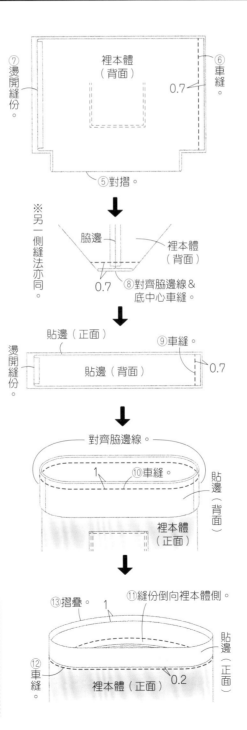

⑦燙開縫份。

裡本體（背面）

⑥車縫。

0.7

⑤對摺。

※另一側縫法亦同。

脇邊

裡本體（背面）

0.7

⑧對齊脇邊線＆底中心車縫。

貼邊（正面）

⑨車縫。

貼邊（背面）

0.7

燙開縫份。

對齊脇邊線。

1

⑩車縫

貼邊（背面）

裡本體（正面）

⑪縫份倒向裡本體側。

⑬摺疊。

1

⑫車縫。

裡本體（正面）

0.2

貼邊（正面）

裁布圖

※表本體‧裡本體‧貼邊皆無原寸紙型，請依標示尺寸（已含縫份）直接裁剪。

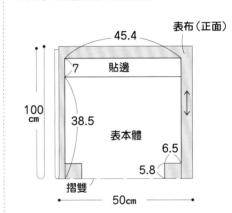

45.4

表布（正面）

7 貼邊

100cm

38.5

表本體

6.5

5.8

摺雙

50cm

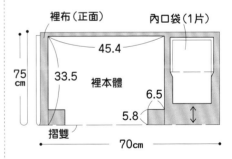

裡布（正面）

內口袋（1片）

45.4

75cm

33.5

裡本體

6.5

5.8

摺雙

70cm

1. 製作裡本體

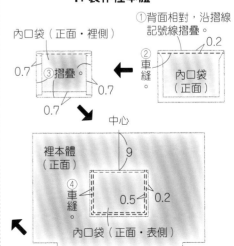

①背面相對，沿摺線記號線摺疊。

內口袋（正面‧裡側）

0.2

②車縫。

內口袋（正面）

0.7

③摺疊。

0.7

0.7

中心

裡本體（正面）

9

④車縫

0.5

0.2

內口袋（正面‧表側）

完成尺寸
寬12×長22.5cm

原寸紙型

紙型下載方法參見
P.68至P.69。

https://cfpshop.stores.jp/

材料

表布（棉布）55cm×30cm／**裡布**（棉布）25cm×25cm
配布A（棉布）15cm×10cm 6片／**配布B**（棉布）5cm×5cm
接著鋪棉 25cm×25cm／**雙膠接著襯** 5cm×5cm
拉鍊 20cm 1條／**問號鉤** 13mm 2個

落針壓線作法

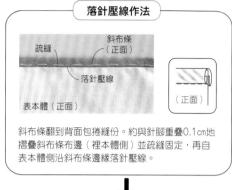

疏縫／斜布條（正面）／落針壓線／表本體（正面）／（正面）

斜布條翻到背面包捲縫份。約與針腳重疊0.1cm地摺疊斜布條邊（裡本體側）並疏縫固定，再自表本體側沿斜布條邊緣落針壓線。

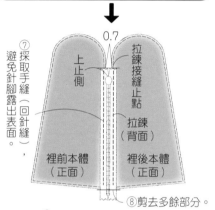

⑦採取手縫，避免針腳露出表面（回針縫）。

0.7
拉鍊接縫止點／上止側／拉鍊（背面）／拉鍊接縫止點／裡前本體（正面）／裡後本體（正面）

⑧剪去多餘部分。

6. 疊合前・後本體

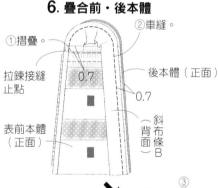

①摺疊。／②車縫。
拉鍊接縫止點
後本體（正面）
0.7　0.7
表前本體（正面）／斜布條B（背面）

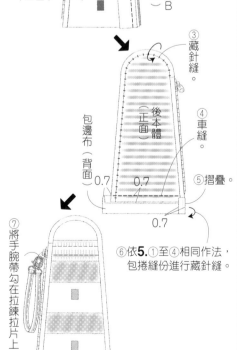

③藏針縫。／④車縫。／⑤摺疊。
包邊布（背面）／後本體（正面）
0.7　0.7　0.7

⑥依5.①至④相同作法，包捲縫份進行藏針縫。

⑦將手腕帶勾在拉鍊拉片上。

---

⑨機縫壓線。

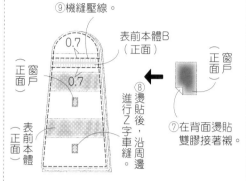

0.7
表前本體B（正面）
0.7
（正面窗戶）／（正面窗戶）／（正面）表前本體
⑧燙貼後，沿周邊進行Z字車縫。
（正面）窗戶
⑦在背面燙貼雙膠接著襯。

4. 製作後本體

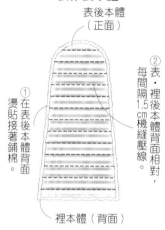

表後本體（正面）
①在表後本體背面燙貼接著鋪棉。
②表・裡後本體背面相對，每間隔1.5cm機縫壓線。
裡本體（背面）

5. 接縫拉鍊

①摺疊。　0.7
斜布條A（背面）
①摺疊。　0.7

②摺疊。
斜布條A（正面）

②摺疊。
斜布條A（正面）
0.1　接縫側

※另一片＆斜布條B摺法亦同。

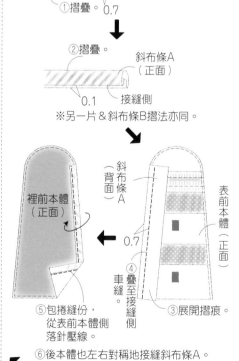

斜布條A（背面）／裡前本體（正面）／表前本體（正面）
0.7
③展開摺痕。
④車縫。／疊至接縫側

⑤包捲縫份，從表前本體側落針壓線。
⑥後本體也左右對稱地接縫斜布條A。

---

1. 裁布

裁剪：**表後本體**（表布 1片）
　　　裡前・後本體（裡布 各1片）
　　　裡前本體A至F（配布A 各1片）
　　　窗戶（配布B 2片）

※以下無原寸紙型，請取表布依標示尺寸（已含縫份）直接裁剪。

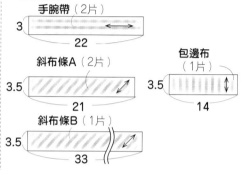

手腕帶（2片）
3
22

斜布條A（2片）
3.5
21

包邊布（1片）
3.5
14

斜布條B（1片）
3.5
33

2. 製作手腕帶

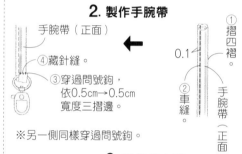

手腕帶（正面）
④藏針縫。
③穿過問號鉤，依0.5cm→0.5cm寬度三摺邊。

①摺四褶。
0.1
②車縫。
手腕帶（正面）

※另一側同樣穿過問號鉤。

3. 製作前本體

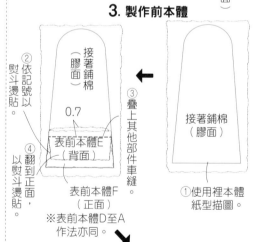

②依記號以熨斗燙貼。
接著鋪棉（膠面）
0.7
表前本體E（背面）
④翻到正面，以熨斗燙貼。
※表前本體D至A作法亦同。

③疊上其他部件車縫。
接著鋪棉（膠面）
①使用裡本體紙型描圖。

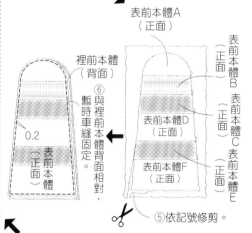

表前本體A（正面）
裡前本體（背面）
表前本體B（正面）
表前本體D（正面）
表前本體C（正面）
表前本體F（正面）
表前本體E（正面）
表前本體（正面）
0.2
⑥與裡前本體背面相對，暫時車縫固定。
⑤依記號修剪。

76

完成尺寸

寬19×長24cm

原寸紙型

紙型下載方法參見
P.68至P.69。

https://cfpshop.stores.jp/

材料（ ■…No.12・ ■…No.13・ ■…通用）

表布（棉布）50cm×25cm／**裡布**（棉布）50cm×25cm

配布（棉布）20cm×20cm 5片・6片

配布a（棉布）15cm×15cm

配布b（棉布）10cm×10cm

接著鋪棉 50cm×25cm／**雙膠接著襯** 25cm×30cm

拉鍊 20cm 1條cm

P.12_ No.12 No.13

帆船波奇包

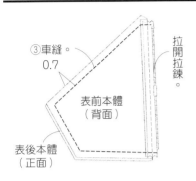

③車縫。
0.7
拉開拉鍊。
表前本體（背面）
表後本體（正面）

5. 製作裡本體

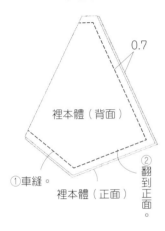

0.7
裡本體（背面）
①車縫。
裡本體（正面）
②翻到正面。

6. 套疊表本體&裡本體

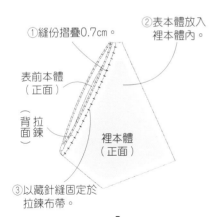

①縫份摺疊0.7cm。
②表本體放入裡本體內。
表前本體（正面）
（背面）拉鍊
裡本體（正面）
③以藏針縫固定於拉鍊布帶。

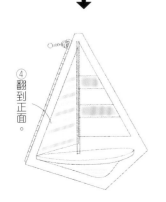

④翻到正面。

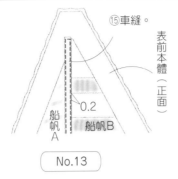

⑮車縫。
表前本體（正面）
0.2
船帆A 船帆B

No.13

①裁剪船帆B（配布1片）。

②縫法與 **2.** ⑤至⑮相同。

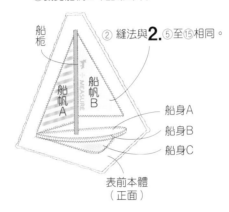

船柁
船帆A 船帆B
船身A
船身B
船身C
表前本體（正面）

3. 製作表後本體

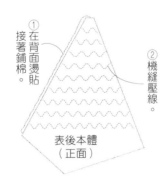

①在背面燙貼接著鋪棉。
②機縫壓線。
表後本體（正面）

4. 接縫拉鍊

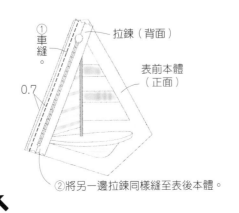

①車縫。
拉鍊（背面）
0.7
表前本體（正面）
②將另一邊拉鍊同樣縫至表後本體。

---

1. 裁布

①裁剪表前・後本體（表布各1片）
裡本體（裡布2片）

2. 製作表前本體

No.12

①裁剪船帆B-1.3.5（配布a各1片）、
船帆B-2.4（配布b各1片）。

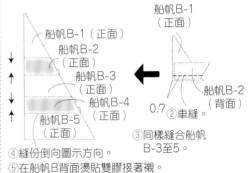

船帆B-1（正面）
船帆B-2（正面）
船帆B-3（正面）
船帆B-4（正面）
船帆B-5（正面）
船帆B-1（正面）
0.7
②車縫
船帆B-2（背面）
③同樣縫合船帆B-3至5。
④縫份倒向圖示方向。
⑤在船帆B背面燙貼雙膠接著襯。

⑥裁剪船帆A、船身A至C（配布各1片），背面燙貼雙膠接著襯。

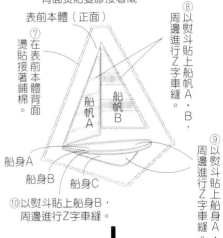

表前本體（正面）
⑦在表前本體背面燙貼接著鋪棉。
⑧以熨斗貼上船帆A・B，周邊進行Z字車縫。
船帆A 船帆B
船身A
船身B
船身C
⑨以熨斗貼上船身A・C，周邊進行Z字車縫。
⑩以熨斗貼上船身B，周邊進行Z字車縫。

⑪裁剪船柁（配布1片）。

1.5
18

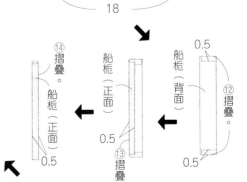

⑭摺疊。
船柁（正面）
船柁（正面）
⑬摺疊
0.5
⑫摺疊
船柁（背面）
0.5
0.5
0.5

完成尺寸	材料
寬14×長12cm	表布（棉布）20cm×30cm
	裡布（棉布）20cm×30cm
原寸紙型	接著鋪棉 20cm×30cm
C面	串珠 直徑0.7cm 1顆
	塑膠四合釦 10mm 1組

P.13_ No.15 扇貝形口罩套

---

3. 疊合表本體＆裡本體

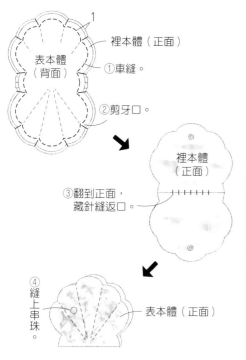

裡本體（正面）
表本體（背面）
①車縫。
②剪牙口。
裡本體（正面）
③翻到正面，藏針縫返口。
④縫上串珠。
表本體（正面）

2. 製作裡本體

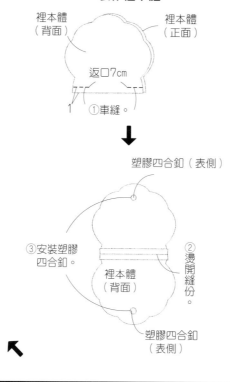

裡本體（背面）
裡本體（正面）
返口7cm
①車縫。
塑膠四合釦（表側）
③安裝塑膠四合釦。
裡本體（背面）
②燙開縫份。
塑膠四合釦（表側）

裁布圖

※□處需沿背面完成線燙貼接著鋪棉。

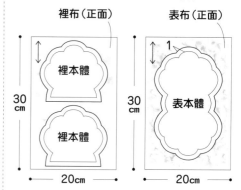

裡布（正面）　　表布（正面）
裡本體
裡本體
表本體
30cm
20cm
30cm
20cm

1. 製作本體

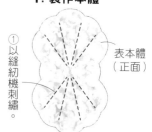

①以縫紉機刺繡。
表本體（正面）

完成尺寸	材料（ ■…No.10・ ■…No.11 ）
寬25.5×長35×側身10cm	表布（細棉麻布）65cm×45cm・40cm×60cm
寬14×長51.5×側身7cm	裡布（棉布）65cm×45cm・40cm×60cm
原寸紙型	
A面	

P.12_ No.10 便當袋
P.12_ No.11 水瓶提袋

---

⑥翻到正面整燙。
裡本體（正面）
表本體（正面）

2. 縫合脇邊

②沿底側身摺線記號摺疊。

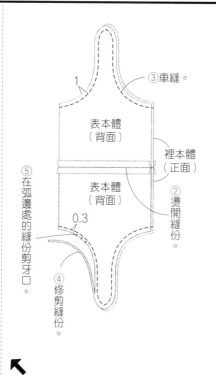

①翻到背面，裡本體＆表本體各自疊合。
表本體（背面）
表本體（正面）
③縫份倒向不同方向。
裡本體（背面）
②沿底側身摺線記號摺疊。
裡本體（正面）

③車縫。
表本體（背面）
裡本體（正面）
②燙開縫份。
⑤在弧邊處的縫份剪牙口。
0.3
④修剪縫份。

裁布圖

※■…No.10・■…No.11

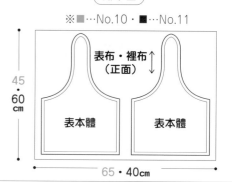

表布・裡布（正面）
45
60cm
表本體　　表本體
65・40cm

1. 製作本體

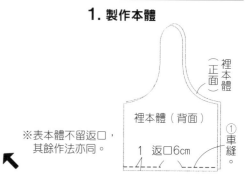

裡本體（正面）
裡本體（背面）
①車縫。
1 返口6cm
※表本體不留返口，其餘作法亦同。

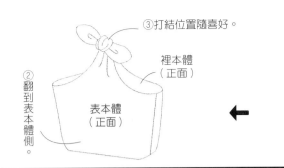

③打結位置隨喜好。

裡本體（正面）

②翻到表本體側。

表本體（正面）

3. 完成

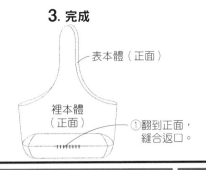

表本體（正面）

裡本體（正面）

①翻到正面，縫合返口。

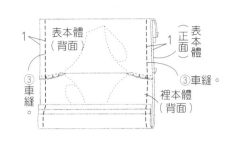

表本體（背面）

表本體（正面）

1　1

③車縫。

③車縫。

裡本體（背面）

完成尺寸
長70cm

原寸紙型
C面

材料
<竹葉>表布（縮緬布）5cm×10cm 3片／裡布（棉布）15cm×10cm
<菱飾>表布（縮緬布·絞染）5cm×5cm 5片
<彩球>表布（絞染）5cm×5cm／填充棉 適量／25號繡線（紅色）適量
<吹流>表布（絹布）10cm×10cm／配布（絹布）10cm×5cm
　　　彩色紙 10cm×10cm
<輪飾>表布（縮緬布）5cm×10cm 7片
<燈籠>表布（縮緬布）10cm×10cm／配布（縮緬布）10cm×5cm
　　　彩色紙 10cm×10cm
<通用>表布（縮緬布）5cm×5cm／圓繩 粗0.1cm 70cm

P.14_　No.17
七夕裝飾壁掛

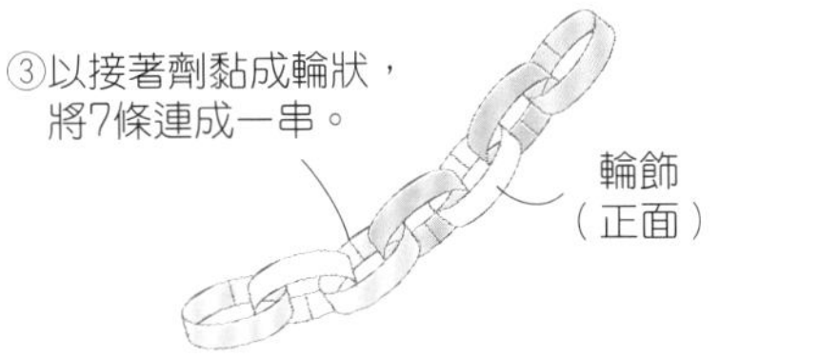

---

③以接著劑黏成輪狀，將7條連成一串。
輪飾（正面）

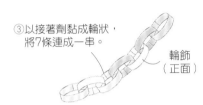

6. 製作燈籠

燈籠（正面）
1.5　1.5
④貼上雙面膠
②摺出摺痕。
燈籠（正面）
彩色紙（背面）
8
0.5　1
③每間隔0.5cm切開。
7
①以雙面膠將表布貼在彩色紙背面。

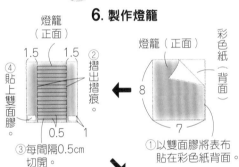

⑥布繩（配布6cm×1.5cm）背面相向對摺，以雙面膠黏貼。
0.5
⑤對接成輪狀貼合。
⑦以雙面膠貼在燈籠上。
燈籠（正面）

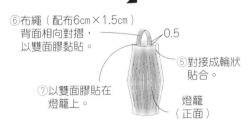

7. 將各配飾穿入圓繩

墊布（表布1cm×1.5cm）
③止縫固定。
吹流（正面）
藥玉（正面）
6　6
正面 菱飾
距繩端23cm
①墊布貼上雙面膠，固定圓繩。
②穿過圓繩，以接著劑黏貼固定。
輪飾（正面）
燈籠（正面）
正面 竹葉
距繩端23cm
圓繩（70cm）

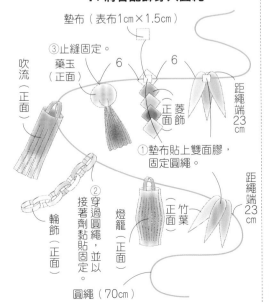

---

⑤將表布裁成直徑5cm圓片。
③從中心對摺。
⑥縮縫　0.5
④剪開摺雙處的線圈
藥玉（背面）
藥玉（正面）
藥玉（正面）
⑦塞入填充棉，再插入繡線束。
⑧拉緊縫線。
⑨縫份摺入內側，以接著劑黏貼固定。

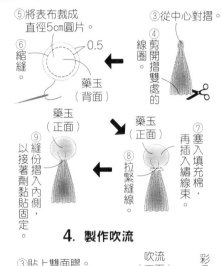

4. 製作吹流

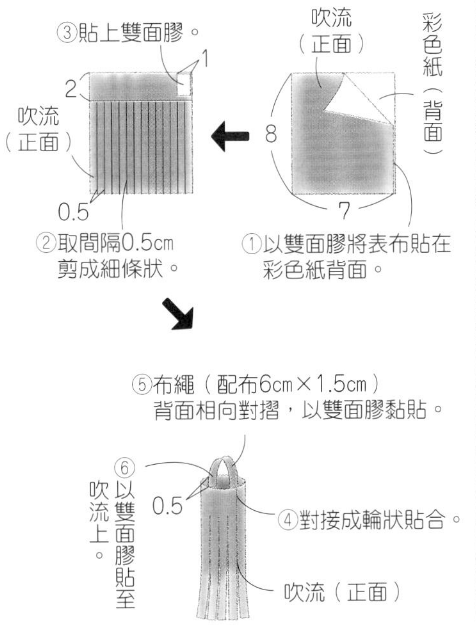

③貼上雙面膠。
吹流（正面）
2　1
吹流（正面）
彩色紙（背面）
8
0.5
②取間隔0.5cm剪成細條狀。
7
①以雙面膠將表布貼在彩色紙背面。

⑤布繩（配布6cm×1.5cm）背面相向對摺，以雙面膠黏貼。
0.5
⑥以雙面膠貼至吹流上。
④對接成輪狀貼合。
吹流（正面）

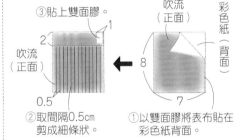

5. 製作輪飾

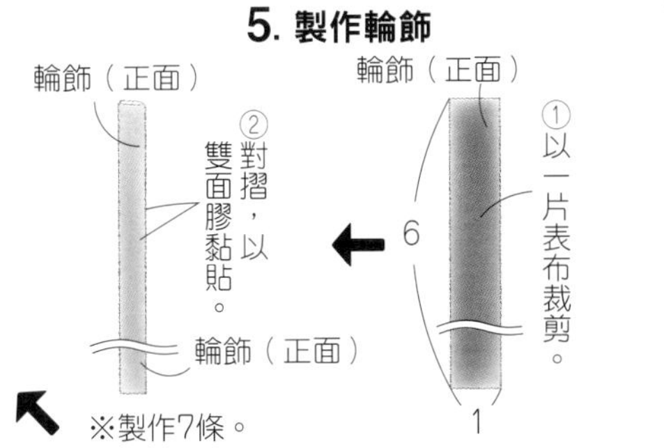

輪飾（正面）
輪飾（正面）
②對摺，以雙面膠黏貼。
6
①以一片表布裁剪。
輪飾（正面）
1
※製作7條。

※除了表·裡竹葉之外皆無原寸紙型，請依作法標示的尺寸（已含縫份）直接裁剪。

1. 製作竹葉

②以雙面膠貼合。
①裁剪表竹葉（表布·6片）＆裡竹葉（裡布·6片）。
表竹葉（正面）
裡竹葉（背面）
※製作6組。

③每3片為1組，以接著劑黏接。
表竹葉（正面）
※製作2組。

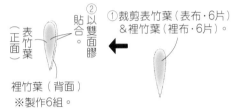

2. 製作菱飾

②以雙面膠貼合。
①每1片表布剪下2片。
菱飾（正面）
2
菱飾（正面）
菱飾（背面）
2
※製作5組。

0.7　0.7
菱飾（正面）
③各重疊0.7cm，以接著劑黏貼。

3. 製作藥玉

①取25號繡線（6股）纏繞厚紙10圈
②將中心束緊。
12
厚紙

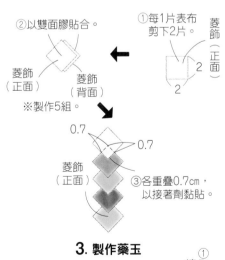

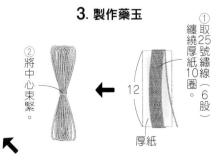

完成尺寸	材料
寬21×長15cm	**表布**（塑膠布）30cm×30cm
原寸紙型	**配布**（棉布）30cm×25cm
無	**接著襯**（薄）25cm×25cm
	拉鍊 20cm 1條

1. 製作本體

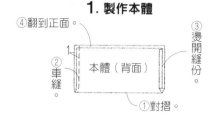

④翻到正面。
③燙開縫份。
②車縫。
①對摺。
本體（背面）

2. 接縫拉鍊

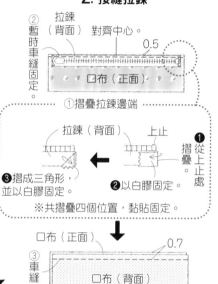

②拉鍊（背面）對齊中心。
暫時車縫固定
0.5
①摺疊拉鍊邊端
口布（正面）

拉鍊（背面） 上止
❶摺疊 從上止處
②以白膠固定。
❸摺成三角形，並以白膠固定。
※共摺疊四個位置，黏貼固定。

③車縫。 0.7
口布（正面）
口布（背面）

④翻到正面。
①
⑥摺出摺痕。
⑤車縫。
口布（正面）0.2
1
※另一側同樣縫上拉鍊。

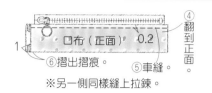

拉開拉鍊。 ⑧展開⑥的摺痕。
⑨車縫
口布（背面）
口布（背面）
1
⑩燙開縫份。
⑦燙開縫份，口布正面相對疊合。

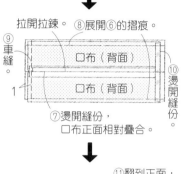

⑪翻到正面，沿⑥的摺痕摺疊。
⑫以口布夾住本體車縫。
口布（正面）
口布（正面）
本體（正面）
對齊脇邊針腳。

抓齊布邊。
口布
本體
0.2

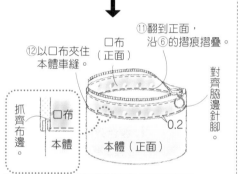

裁布圖

※ 標示的尺寸已含縫份。
※ ▨ 處需於背面燙貼接著襯。

表布（正面）
30cm
本體
22
23
30cm

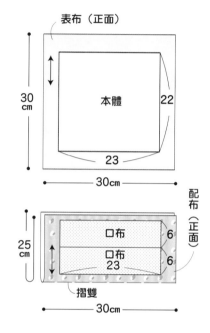

配布（正面）
25cm
口布 6
口布 23 6
摺雙
30cm

完成尺寸	材料
直徑11cm	**表布**（縮緬布）30cm×15cm／**配布A**（縮緬布）15cm×10cm
原寸紙型	**配布B**（縮緬布）10cm×10cm／**配布C**（縮緬布）10cm×10cm
C面	**接著鋪棉** 30cm×15cm／**不織布**（奶油色）5cm×5cm
	不織布（灰色）10cm×10cm／**25號繡線**（黃色）

3. 縫上葉片

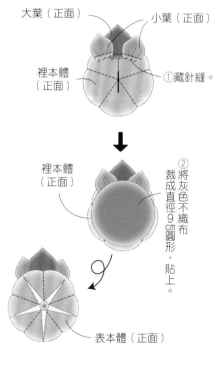

大葉（正面） 小葉（正面）
裡本體（正面）
①藏針縫。

裡本體（正面）
②將灰色不織布裁成直徑9cm圓形，貼上。
表本體（正面）

④從裡本體的切口翻到正面。
⑤手縫壓線。
⑥在圖案背面貼上雙面膠，貼至表本體上。
⑨貼上花蕊。
⑦以奶油色不織布裁剪花蕊。
⑧於中心進行法國結粒繡（參見P.86）。

2. 製作葉子

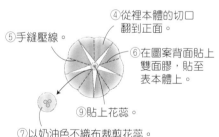

小葉（正面）
②再摺三角形。
①背面相對，摺三角形。

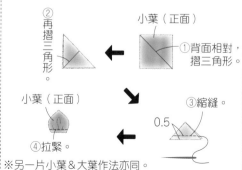

小葉（正面）
③縮縫。
0.5
④拉緊。
※另一片小葉＆大葉作法亦同。

裁布圖

※除了表・裡本體之外皆無原寸紙型，請依標示尺寸（已含縫份）直接裁剪。

表布（正面）
15cm
表本體 裡本體
30cm

配布A（正面）
6
小葉 小葉 6
10cm
15cm

配布C（正面）
10cm
圖案
10cm

配布B（正面）
7
大葉 7
10cm
10cm

1. 製作表本體

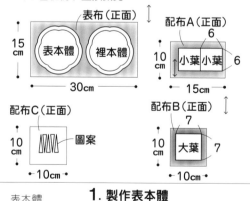

表本體（正面）
裡本體（背面）
1
②表・裡本體正面相對車縫。
①沿完成線燙貼2片接著鋪棉。

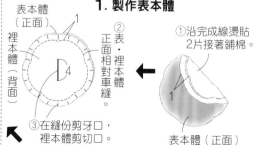

③在縫份剪牙口，裡本體剪切口。
表本體（正面）
1

80

完成尺寸	材料	
寬17.5×長18cm	**表布**（平織布）45cm×40cm／**配布A**（棉布）40cm×10cm	

完成尺寸
寬17.5×長18cm

原寸紙型

C面

材料

表布（平織布）45cm×40cm／**配布A**（棉布）40cm×10cm
配布B（棉布）5cm×5cm 3片
圓繩 粗0.2cm 30cm 1條・粗0.1cm 30cm 1條
竹籤 22cm／**厚紙** 10cm×10cm

P.15_ No.20
浴衣裝飾壁掛

中心
3

腰帶（正面）

表衣身・後側（正面）

③纏上腰帶，並以雙面膠固定。

↓

圓繩（粗0.2cm・30cm）

④圓繩綁在腰帶上，於前中心打蝴蝶結。

↓

中心

蝴蝶結A（正面）

7.5

⑤兩端對接重疊成輪狀，以雙面膠固定。

↓

⑦蝴蝶結B纏繞蝴蝶結A中心，以雙面膠固定。

1.5

⑥摺往中央接合。

蝴蝶結A（正面）

蝴蝶結B（正面）

↓

中心

腰帶（正面）

⑧以雙面膠連同圓繩一起黏貼固定。

蝴蝶結A（正面）

表衣身・後側（正面）

---

4. 製作團扇

②貼上配布B於團扇本體的兩面。

扇面（正面）

①裁切厚紙。

團扇本體

5. 完成

③圓繩（30cm）綁在竹籤上。

圓繩（粗0.1cm）

竹籤

①團扇插入腰帶。

②從袖口穿入竹籤。

表衣身・後側（正面）

袖子（正面）

表衣身・前側（正面）

---

⑧依摺疊位置摺疊，以接著劑黏貼固定。

左側在上

表衣身（正面）

↓

表衣身・前側（正面）

6

⑨反摺，以接著劑黏貼固定。

3

2. 接縫袖子

①對摺。

開口止點　返口　開口止點

②車縫。

袖子（背面）

1

↓

③翻到正面，藏針縫返口。

袖子（正面）

↓

衣領（正面）

袖子（正面）

④以雙面膠黏至衣領下方。

表衣身・後側（正面）

3. 接縫腰帶

①腰帶對摺車縫。

1

腰帶（背面）

↓

②翻到正面，針腳置中摺疊。

腰帶（正面）

※蝴蝶結A作法亦同。

裁布圖

※除了表・裡衣身、袖子、扇面及團扇本體之外皆無原寸紙型，請依標示尺寸（已含縫份）直接裁剪。

表布（正面）

袖子

表衣身

40cm

衣領 4

裡衣身

18

4 立領 4 基底

45cm

配布A（正面）

蝴蝶結B

10cm

腰帶 16　蝴蝶結A 8　18　5

3

40cm

---

1. 製作衣身

裡衣身（正面）

表衣身（背面）

1

①車縫。

返口 7cm

↓

③摺疊立領基底。

❶摺往中央接合。

❷對摺，以雙面膠黏貼固定。

④黏貼。

中心

立領基底（正面）

1

裡衣身（正面）

②翻到正面，縫合返口。

↓

衣領（正面）

1

⑤衣領背面相對，摺四褶。

↓

對齊中心。

⑥以衣領包覆立領基底。

衣領（正面）

立領基底（正面）

表衣身（正面）

⑦以接著劑黏至表衣身將衣領黏至表衣身上方。

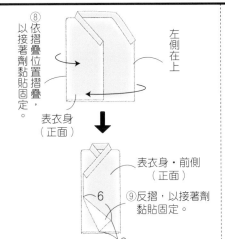
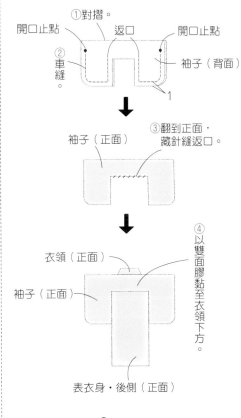
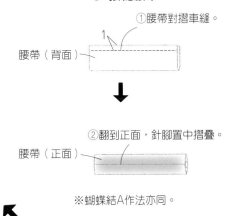
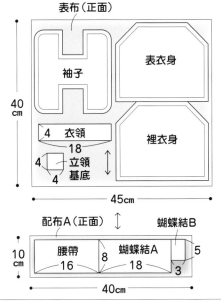
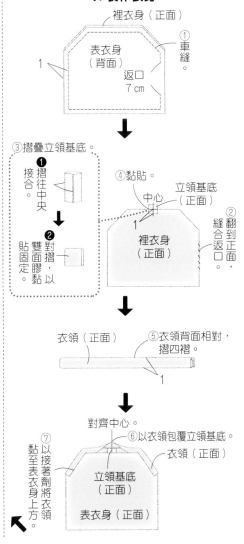

完成尺寸	材料
長60×寬35×側身9cm	表布（塑膠布）130cm×70cm

原寸紙型
C面

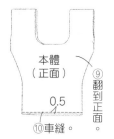

⑨翻到正面。
0.5
⑩車縫。

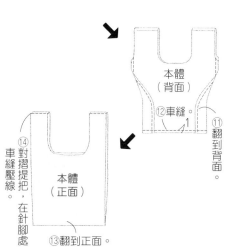

⑭對摺提把，車縫壓線，在針腳處。
本體（正面）
⑬翻到正面。

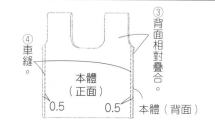

③背面相對疊合。
④車縫。
本體（正面）
0.5　0.5
本體（背面）

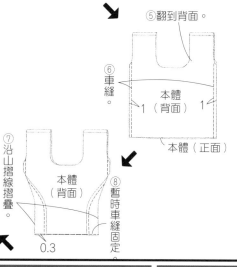

⑤翻到背面。
⑥車縫。
本體（背面）
1　1
本體（正面）

⑦沿山摺線摺疊。
本體（背面）
⑧暫時車縫固定。
0.3

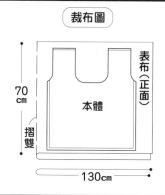

裁布圖

表布（正面）
70cm
本體
摺雙
130cm

1. 製作本體

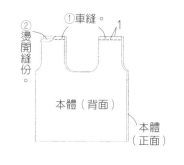

①車縫。
②燙開縫份。
1
本體（背面）
本體（正面）

完成尺寸	材料
寬19×長11.5cm	表布（細棉麻布）30cm×30cm
	裡布（棉布）35cm×30cm
原寸紙型	金屬拉鍊 12cm 1條
B面	接著襯（薄）30cm×30cm

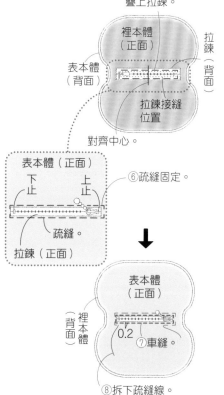

⑤對齊接縫位置，疊上拉鍊。
裡本體（正面）
拉鍊（背面）
表本體（背面）
拉鍊接縫位置
對齊中心。

表本體（正面）
下止　上止
⑥疏縫固定。
疏縫。
拉鍊（正面）

表本體（正面）
裡本體（背面）
0.2
⑦車縫。

⑧拆下疏縫線。

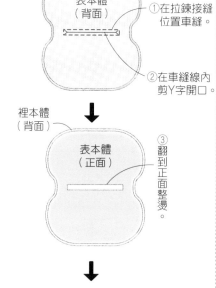

1. 接縫拉鍊

裡本體（正面）
表本體（背面）
①在拉鍊接縫位置車縫。
②在車縫線內剪Y字開口。

裡本體（背面）
表本體（正面）
③翻到正面整燙。

拉鍊（正面）
④縫合拉鍊兩端布帶。
0.3　0.3

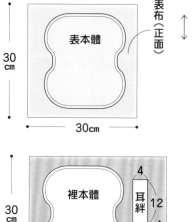

裁布圖

※耳絆無原寸紙型，請依標示尺寸（已含縫份）直接裁剪。
※ ▭ 處需於背面燙貼接著襯。

表布（正面）
30cm
表本體
30cm

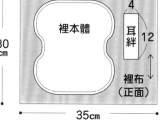

裡本體
30cm
4
耳絆　12
裡布（正面）
35cm

82

3. 縫合本體

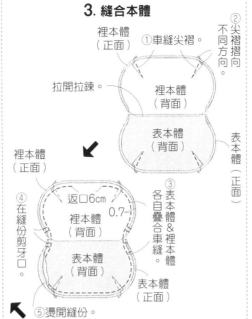

裡本體（正面）
① 車縫尖褶。
② 尖褶摺向不同方向
拉開拉鍊。
裡本體（背面）
表本體（背面）
裡本體（正面）
表本體（正面）
④ 在縫份剪牙口。
返口6cm
0.7
裡本體（背面）
表本體（背面）
③ 表本體&裡本體各自疊合車縫。
表本體（正面）
⑤ 燙開縫份。

2. 縫上耳絆

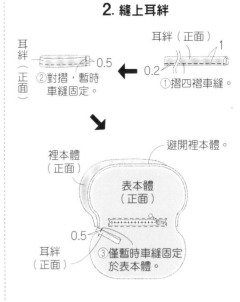

耳絆（正面）
1
0.5
0.2
① 摺四褶車縫。
耳絆（正面）
② 對摺，暫時車縫固定。
避開裡本體。
裡本體（正面）
表本體（正面）
0.5
耳絆（正面）
③ 僅暫時車縫固定於表本體。

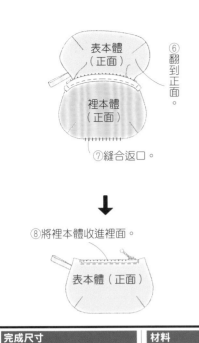

表本體（正面）
裡本體（正面）
⑥ 翻到正面。
⑦ 縫合返口。

⑧ 將裡本體收進裡面。
表本體（正面）

完成尺寸	材料	
寬28×長37cm（提把50cm）	表布（透氣網布）35cm×65cm	
原寸紙型	配布（棉布）90cm×30cm	
無		

P.16_ No.21

網布包

裁布圖

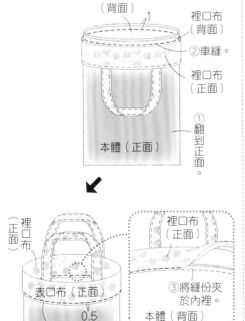

30
配布（正面）
30
8 表口布
8 裡口布
8 裡口布
表口布 8
7 52 提把
7 提把
30cm
90cm

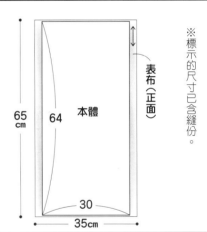

表布（正面）
65cm
64
本體
30
35cm

※標示的尺寸已含縫份。

---

3. 將口布接縫於本體

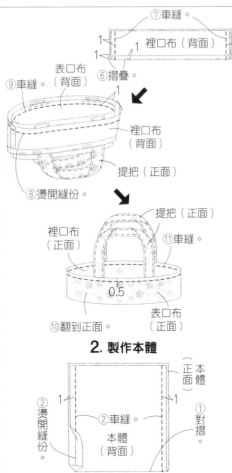

本體（背面）
裡口布（背面）
1
② 車縫。
裡口布（正面）
① 翻到正面。
本體（正面）

裡口布（正面）
裡口布（正面）
③ 將縫份夾於內裡。
本體（背面）
表口布（正面）
0.5
④ 車縫。
本體（正面）

⑦ 車縫。
1
裡口布（背面）
1
1
⑥ 摺疊。
表口布（背面）
⑨ 車縫。
裡口布（背面）
提把（正面）
⑧ 燙開縫份。

提把（正面）
裡口布（正面）
⑪ 車縫。
0.5
⑩ 翻到正面。
表口布（正面）

2. 製作本體

本體（正面）
② 車縫。
1
1
② 燙開縫份。
本體（背面）
① 對摺。

---

1. 製作口布

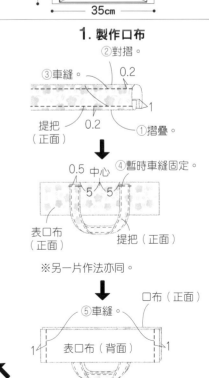

② 對摺。
0.2
③ 車縫。
1
提把（正面）
0.2
① 摺疊。

0.5 中心
④ 暫時車縫固定。
5 5
表口布（正面）
提把（正面）

※另一片作法亦同。

口布（正面）
⑤ 車縫。
1
表口布（背面）
1

完成尺寸	材料（■…No.26・■…No.27）
寬27×長10×側身11cm 寬8.5×長9.5×側身10cm	表布（8號帆布）45cm×65cm 配布A（8號帆布）45cm×40cm
原寸紙型 無	配布B（8號帆布）25cm×40cm 羅緞緞帶 寬2cm 110cm

1.5
13cm・羅緞緞帶・背面
本體（背面）
1.5

⑥以雙面膠將羅緞緞帶貼至與脇邊針腳重疊0.1cm的位置。

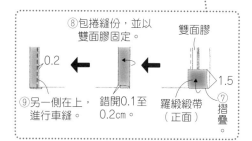

⑧包捲縫份，並以雙面膠固定。
雙面膠
0.2
1.5
⑨另一側在上，進行車縫。
錯開0.1至0.2cm。
羅緞緞帶（正面）
⑦摺疊。

※另一側縫法亦同。

⑩翻到正面。
本體（正面）

2. 製作布盒本體（No.27）

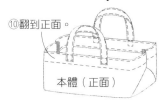

③翻到正面。
※製作3個。

①依1.5cm→1.5cm寬度三摺邊車縫。
0.2
0.2 0.7
1.5
底中心
5
布盒本體（背面）
布盒本體（正面）

②縫法與1.-③至⑧相同。
※羅緞緞帶長12.5cm。

1. 製作本體（No.26）

0.2
3
本體（背面）
0.2
①依3cm→3cm寬度三摺邊車縫。

②參見P.19至P.20接縫提把。

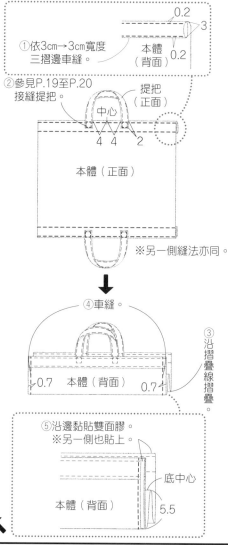

提把（正面）
中心
4 4 2
本體（正面）

※另一側縫法亦同。

④車縫。
③沿摺疊線摺疊
0.7 本體（背面） 0.7

⑤沿邊黏貼雙面膠。
※另一側也貼上。
本體（背面）
底中心
5.5

※標示的尺寸已含縫份。

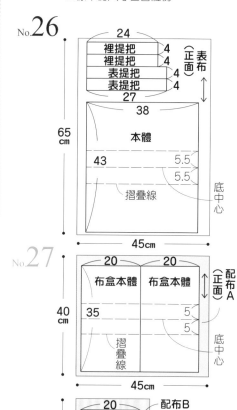

No.26
24
裡提把 4
裡提把 4
表提把 4
表提把 4
27
（正面）表布
65cm
38
本體
43 5.5
5.5
摺疊線
底中心
45cm

No.27
20 20
布盒本體 布盒本體
（正面）配布A
40cm
35 5
5
摺疊線
底中心
45cm

20
布盒本體
配布B（正面）
40cm
35 5
5
摺疊線
底中心
25cm

完成尺寸	材料
寬15×長9.5cm	表布（平織布）45cm×40cm 配布（亞麻布）15cm×15cm
原寸紙型 無	接著襯（薄）30cm×35cm 鈕釦 1.5cm 1顆

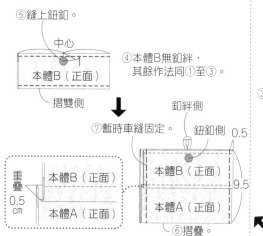

⑤縫上鈕釦。
中心
1
本體B（正面）
摺雙側

④本體B無釦絆，其餘作法同①至③。

⑦暫時車縫固定。
釦絆側
鈕釦側 0.5
重疊0.5cm
本體B（正面）
本體A（正面）
9.5

1. 製作釦絆

釦絆（正面）
參見P.72 1.製作釦絆。

2. 製作本體

③翻到正面車縫。
釦絆（正面）

②夾入釦絆車縫。
中心
1
本體A（背面）
0.5
本體A（正面）
0.5
①對摺。

⑥摺疊。

※標示的尺寸已含縫份。
※□處需於背面燙貼接著襯。

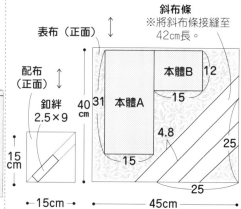

斜布條
※將斜布條接縫至42cm長。
表布（正面）
配布（正面）
本體B 12
本體A 15
釦絆 2.5×9
40cm
31 4.8
15
15 25
25
15cm
45cm

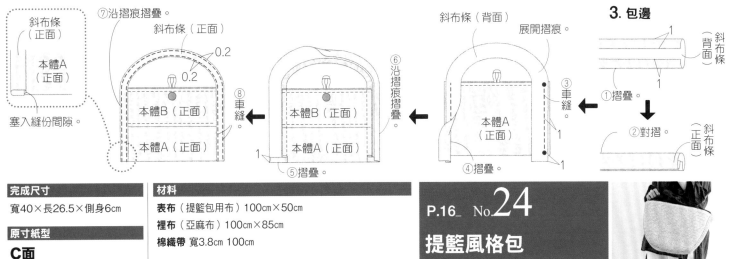

①沿摺痕摺疊。

斜布條（正面）

斜布條（正面）

0.2

0.2

本體A（正面）

本體B（正面）

⑧車縫。

本體A（正面）

塞入縫份間隙。

3. 包邊

斜布條（背面）

①摺疊。

②對摺。

斜布條（正面）

斜布條（背面）

展開摺痕。

⑥沿摺痕摺疊。

③車縫。

本體A（正面）

本體B（正面）

本體A（正面）

⑤摺疊。

1

1

④摺疊。

1

1

完成尺寸	材料	
寬40×長26.5×側身6cm	表布（提籃包用布）100cm×50cm	
原寸紙型	裡布（亞麻布）100cm×85cm	
C面	棉織帶 寬3.8cm 100cm	

P.16_ No.24

提籃風格包

---

4. 套疊表本體&裡本體

①表本體翻到正面，放入裡本體內。

表本體（正面）

裡本體（背面）

②車縫。

表本體（背面）

1

裡本體（背面）

正面 提把

④車縫。

0.5

表本體（正面）

③翻到正面，縫合返口。

0.5

⑤暫時車縫固定。

對齊中心。

遮蓋布（背面）

裡本體（正面）

※另一片作法亦同。

2. 接縫提把

提把（背面）

②車縫。

①對摺。

織帶（50cm）

4 4 0.3

中心

※另一片作法亦同。

③暫時車縫固定。 0.5

7 7

中心

表本體（正面）

提把（背面）

※另一邊作法亦同。

3. 製作表本體

表本體（正面）

①車縫。

表側身（背面）

1

②同樣縫上另一片表本體。

③燙開縫份

表本體（背面）

1

※裡本體預留返口（20cm），其餘作法相同。

裁布圖

※表・裡側身無原寸紙型，請依標示尺寸（已含縫份）直接裁剪。

表布（正面）

50cm

表本體 表本體

78

表側身 8

100cm

裡布（正面）

100cm

裡本體 裡本體

遮蓋布 遮蓋布

78

裡側身 8

100cm

1. 製作遮蓋布

②摺疊左右。

①摺疊頂點。 0.5

0.5

④車縫。

0.5

③再摺一次。

0.2 0.2

遮蓋布（背面）

遮蓋布（背面）

0.5

※另一片作法亦同。

金魚束口袋

完成尺寸
寬17×長30cm

原寸紙型
C面

材料
表布（縮緬布）25cm×110cm
配布A（縮緬布）45cm×35cm
配布B（和服零碼布）25cm×60cm／填充棉 少量
接著襯（薄）85cm×50cm
江戶組紐繩（中・粗約3.5mm）120cm
25號繡線（白色）／不織布（白色・黑色）各5cm×5cm

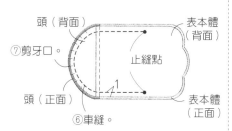

頭（背面）
⑦剪牙口。
頭（正面）
⑥車縫。
表本體（背面）
止縫點
表本體（正面）
1

4. 製作裡本體

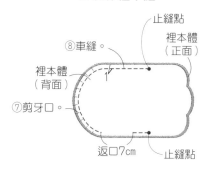

止縫點
⑧車縫。
裡本體（正面）
裡本體（背面）
⑦剪牙口。
返口7cm
止縫點
1

5. 疊合表本體＆裡本體

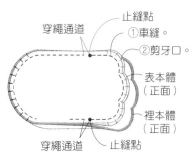

穿繩通道
止縫點
①車縫。
②剪牙口。
表本體（正面）
裡本體（正面）
穿繩通道
止縫點

※另一片尾鰭作法亦同。

③翻到正面。

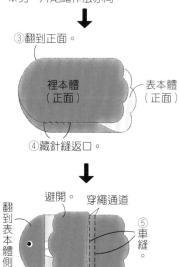

裡本體（正面）
表本體（正面）
④藏針縫返口。

翻到表本體側。
避開
穿繩通道
⑤車縫。
表本體（正面）
裡本體（正面）

※另一片作法亦同。

---

2. 製作背鰭・腹鰭

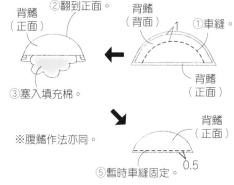

背鰭（正面）
②翻到正面。
背鰭（背面）
①車縫。
背鰭（正面）
③塞入填充棉。

※腹鰭作法亦同。

背鰭（正面）
0.5
⑤暫時車縫固定。

3. 製作表本體

①將各魚鰭暫時車縫固定於對應位置。

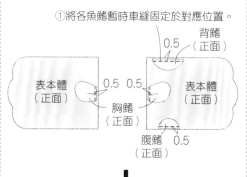

背鰭（正面）
0.5
表本體（正面）
0.5 0.5
表本體（正面）
胸鰭（正面）
腹鰭 0.5（正面）

頭（正面）
②重疊黑色（黑眼珠）＆白色（眼白）不織布，貼至眼睛位置。

③以法國結粒繡表現目光（白色25號繡線2股）。

※另一片縫法亦同。

法國結粒繡

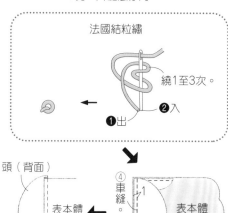

繞1至3次。
❶出 ❷入

頭（背面）
④車縫。
表本體（背面）
頭（背面）
1
⑤縫份倒向頭側。

裁布圖

※ ▨ 處需沿背面完成線燙貼接著襯。

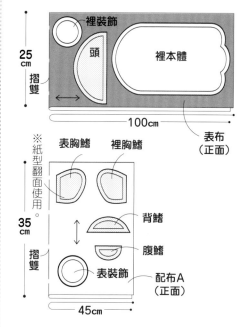

25cm
摺雙
裡裝飾
頭
裡本體
100cm
表布（正面）

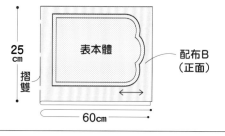

35cm
摺雙
※紙型翻面使用
表胸鰭
裡胸鰭
背鰭
腹鰭
表裝飾
配布A（正面）
45cm

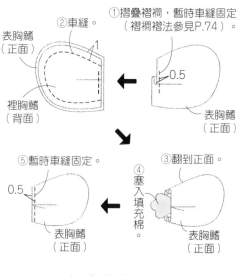

25cm
摺雙
表本體
配布B（正面）
60cm

1. 製作胸鰭

①摺疊褶襉，暫時車縫固定（褶襉摺法參見P.74）。
②車縫。
表胸鰭（正面）
1
0.5
裡胸鰭（背面）
表胸鰭（正面）

⑤暫時車縫固定。
0.5
③翻到正面。
④塞入填充棉。
表胸鰭（正面）

※左右對稱地製作另一組。

86

⑤穿入繩子，
以白膠固定。

裡裝飾
（正面）

繩子

⑦拉緊線，
止縫於中心。

裡裝飾
（正面）

表裝飾
（正面） 繩子

⑥挑縫周圍四個位置。

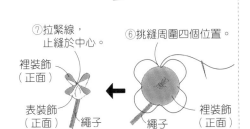

裡裝飾
（正面）

繩子

6. 縫上束口繩裝飾

表裝飾
（正面）

①車縫。

裡裝飾
（背面）

②僅裡裝飾剪切口。

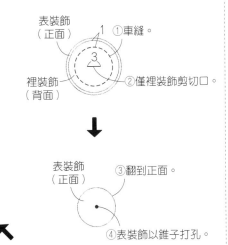

表裝飾
（正面）

③翻到正面。

④表裝飾以錐子打孔。

⑥穿入繩子
（60cm・2條），
兩端打結。

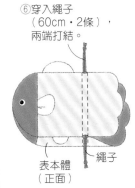

表本體
（正面）

繩子

束口繩穿法

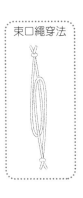

完成尺寸	材料	
直徑9cm	**表布**（棉布）30cm×15cm／**配布**（棉布）20cm×15cm	
	裡布（棉布）30cm×15cm／**接著鋪棉** 30cm×15cm	
原寸紙型	**扭繩** 粗0.7cm 80cm	
A面	**塑膠四合釦** 直徑1cm 1組	
	熱轉印貼紙 適量	

P.12_ No.09

泳圈吊飾波奇包

中心

③安裝塑膠
四合釦。

②翻到正面，
藏針縫縫返口。

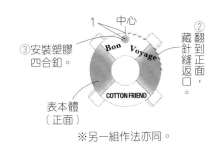

表本體
（正面）

※另一組作法亦同。

3. 疊合本體完成

①以藏針縫縫合至
上方布繩環為止。

裡本體
（正面）

表本體
（正面）

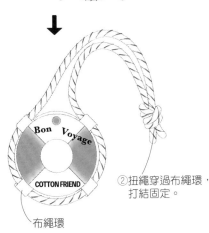

②扭繩穿過布繩環，
打結固定。

布繩環

表本體
（背面）

接著鋪棉

⑤沿背面完成線燙
貼接著鋪棉。

⑥摺往中央接合。

布繩環
（正面）

⑧暫時車縫固定。

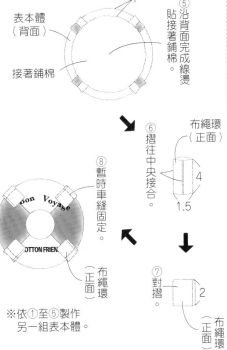

布繩環
（正面）

⑦對摺。

布繩環
（正面）

※依①至⑤製作
另一組表本體。

2. 疊合表本體&裡本體

返口
3cm

表本體
（正面）

①預留返口車縫。

裡本體（背面）

※另一組表本體&裡本體作法亦同。

裁布圖

※布繩環無原寸紙型，請依標示尺寸
（已含縫份）直接裁剪。

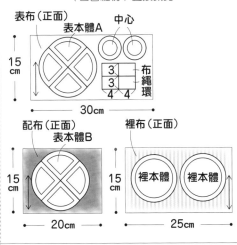

表布（正面）

表本體A

中心

布繩環

30cm

配布（正面）

表本體B

裡布（正面）

裡本體

20cm

25cm

1. 製作表本體

②燙開縫份。

表本體B
（正面）

①表本體A・B正面相對車縫。

③縫份往裡側摺1cm，藏針縫往中心。

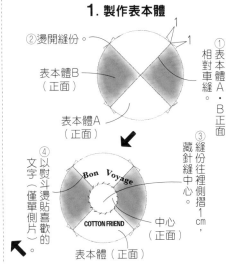

表本體A
（正面）

④以熨斗燙貼喜歡的文字（僅單側片）。

中心
（正面）

表本體（正面）

完成尺寸	材料	
寬38×長24.5×側身14cm（提把98cm）	表布（8號帆布）90cm×110cm	P.23_ No.29
	裡布（平織布）70cm×25cm	**肩背包**
原寸紙型	固定釦（面釦9mm 底釦8mm）4組	
D面	彈簧壓釦 13mm 1組	

裁布圖

※貼邊＆提把無原寸紙型，請依標示尺寸（已含縫份）直接裁剪。

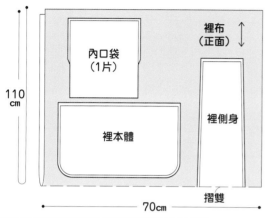

裡布（正面）
內口袋（1片）
110cm
裡本體
裡側身
70cm
摺雙

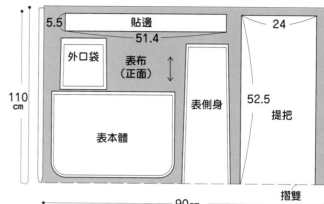

5.5　貼邊　24
51.4
外口袋　表布（正面）
110cm
52.5
表本體　表側身　提把
90cm　摺雙

---

3. 製作表本體

①往正面依1cm→1cm寬度三摺邊車縫。

0.2
外口袋（正面）
1
②摺疊

外口袋（正面）
③暫時車縫固定。
表側身（正面）9
0.5
0.2　1
④車縫。

⑤作法與1.⑤至⑦相同。

表側身（背面）
表本體（背面）1

4. 套疊表本體＆裡本體

①表本體＆裡本體背面相對套疊
貼邊（正面）
中心
0.2
②車縫。
2
③安裝固定釦（參見P.22）。
表本體（正面）
④安裝彈簧壓釦。
1.5
1.5　1.5

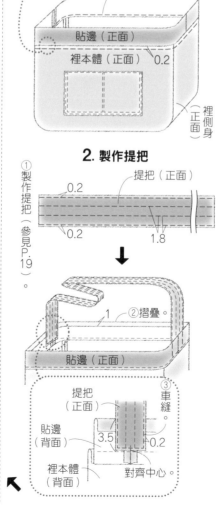

⑧車縫
貼邊（背面）
⑨燙開縫份。

抓齊布邊
貼邊（正面）
裡本體（正面）
1

※另一側作法亦同。

⑩抓齊貼邊＆裡本體的布邊車縫。

貼邊（正面）
裡本體（正面）0.2
裡側身（正面）

2. 製作提把

①製作提把（參見P.19）。
0.2
提把（正面）
0.2　1.8

1
②摺疊。
貼邊（正面）
③車縫

提把（正面）
貼邊（背面）
3.5　0.2
裡本體（背面）
對齊中心。

---

1. 製作裡本體

②從另一側（表側）車縫。
0.2
內口袋（正面）

①背面相對，沿山摺線記號摺疊。

內口袋（正面・裡側）
③摺疊
0.7

內口袋（正面・表側）
中心
裡本體（正面）
7
④車縫。
0.3　0.5
0.1

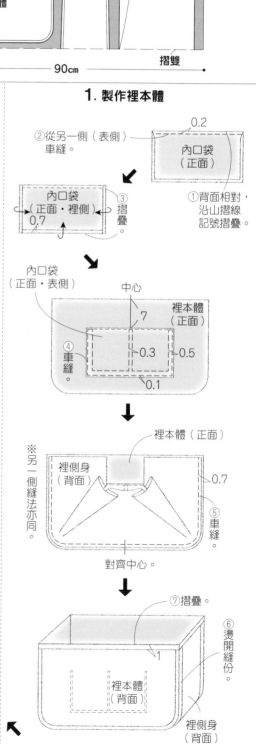

裡本體（正面）
裡側身（背面）
0.7
⑤車縫
※另一側縫法亦同。
對齊中心。

⑦摺疊。
⑥燙開縫份。
裡本體（背面）
1
裡側身（背面）

88

完成尺寸
寬24×長32×側身10cm
（提把47cm）

原寸紙型
C面

材料
表布（8號帆布）75cm×90cm
裡布（有色平織布）60cm×80cm
壓克力棉織帶 寬3cm 110cm
固定釦（面釦9mm 底釦8mm）4組

縱長托特包

3. 製作表本體

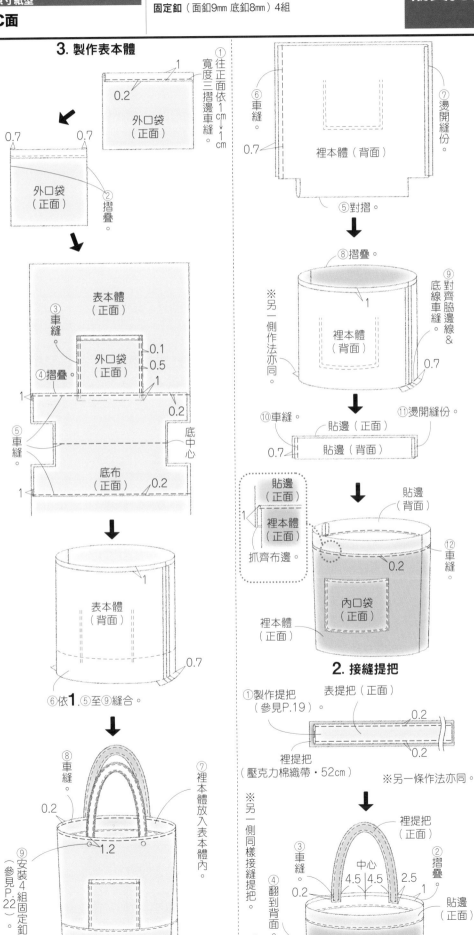

①往正面依1cm-1cm寬度三摺邊車縫。

外口袋（正面）

1
0.2

0.7 0.7

外口袋（正面）

②摺疊。

表本體（正面）

③車縫。

外口袋（正面）
0.1
0.5
1

④摺疊。

1

0.2

⑤車縫。

底中心

底布（正面）
0.2

1

表本體（背面）

1

0.7

⑥依1.⑤至⑨縫合。

⑧車縫。

0.2

1.2

⑦裡本體放入表本體內。

⑨（參見P.22）安裝4組固定釦。

⑥車縫。

⑤對摺。

裡本體（背面）

⑦燙開縫份。

0.7

⑧摺疊。

1

裡本體（背面）

⑨對齊脇邊線&底線車縫。

0.7

※另一側作法亦同。

⑩車縫。

貼邊（正面）
貼邊（背面）
0.7

貼邊（正面）
1
裡本體（正面）
抓齊布邊。

⑪燙開縫份。

貼邊（背面）

⑫車縫。
0.2

內口袋（正面）

裡本體（正面）

2. 接縫提把

①製作提把（參見P.19）。

表提把（正面）
0.2
0.2
裡提把（壓克力棉織帶·52cm）

※另一條作法亦同。

裡提把（正面）

③車縫。
0.2

中心
4.5 4.5 2.5

②摺疊。
1

④翻到背面。

貼邊（正面）

※另一側同樣接縫提把。

裁布圖

※除了內口袋之外皆無原寸紙型，請依標示尺寸（已含縫份）直接裁剪。

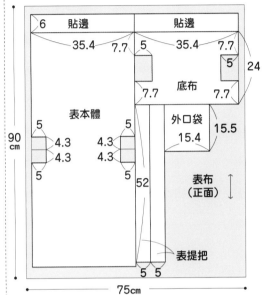

6	貼邊		貼邊	

35.4 7.7 5 35.4 7.7

5 24

貼邊

底布

7.7 7.7

表本體

5 4.3 5 4.3 外口袋 15.5

90cm 15.4

4.3 4.3

5 5 52

表布（正面）

表提把

5 5

75cm

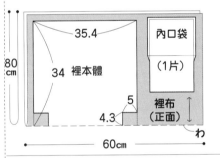

35.4

內口袋（1片）

80cm 34 裡本體

裡布（正面）

5

4.3

60cm

わ

1. 製作裡本體

①背面相對，沿山摺線記號摺疊。

0.2

內口袋（正面）

②從另一側（表側）車縫。

0.7
內口袋（正面·裡側）

③摺疊。

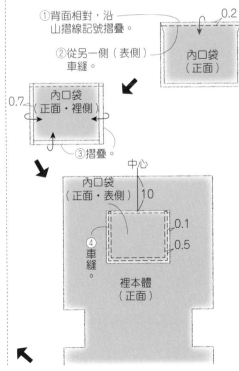

中心

內口袋（正面·表側） 10
0.1
0.5

④車縫。

裡本體（正面）

完成尺寸	材料	

完成尺寸
寬22×長20×側身14cm
（提把31cm）

原寸紙型
C面

材料
表布（8號帆布）45cm×75cm／**配布**（皮革）30cm×20cm
裡布（牛津布）60cm×60cm
真皮提把 長40cm 1組
手縫線（エスコード中細）適量

P.24_ No.**30**
船型包

⑪裡本體袋口摺疊1cm，
貼邊＆布邊對齊疊放。　1

貼邊（正面）
裡本體（正面）

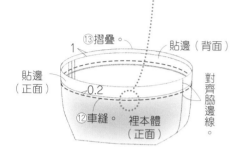

⑬摺疊。
貼邊（背面）
貼邊（正面）
0.2
⑫車縫。
裡本體（正面）
1
對齊脇邊線。

2. 製作表本體

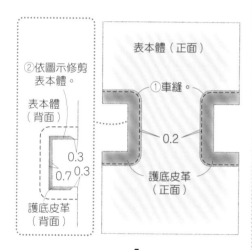

②依圖示修剪表本體。
表本體（正面）
表本體（背面）
①車縫。
0.2
0.3
0.7　0.3
護底皮革（正面）
護底皮革（背面）

③作法與**1.**⑤至⑧、⑬相同。

3. 完成

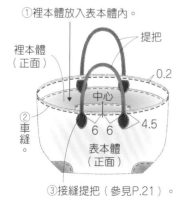

①裡本體放入表本體內。
裡本體（正面）
提把
0.2
②車縫。
中心
6　6　4.5
表本體（正面）
③接縫提把（參見P.21）。

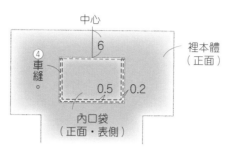

中心
6
④車縫。
0.5　0.2
裡本體（正面）
內口袋（正面・表側）

↓

⑥車縫。
0.7
裡本體（背面）
⑦燙開縫份。
⑤對摺。

↓

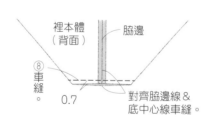

裡本體（背面）　脇邊
⑧車縫。
0.7
對齊脇邊線＆底中心線車縫。
※另一側縫法亦同。

↓

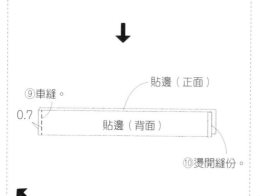

貼邊（正面）
⑨車縫。
0.7
貼邊（背面）
⑩燙開縫份。

裁布圖

※除了內口袋＆護底皮革之外皆無原寸紙型，請依標示尺寸（已含縫份）直接裁剪。

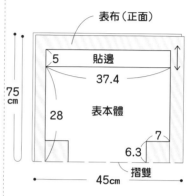

表布（正面）
5　貼邊
37.4
75cm
28　表本體
7
6.3
摺雙
45cm

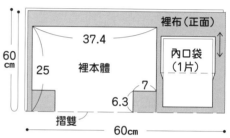

裡布（正面）
37.4
60cm
25　裡本體
內口袋（1片）
7
6.3
摺雙　60cm

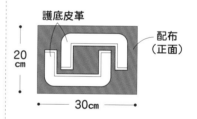

護底皮革
配布（正面）
20cm
30cm

---

1. 製作裡本體

①背面相對，沿山摺線記號摺疊。

0.2
內口袋（正面）

②從另一側（表側）車縫。

↓

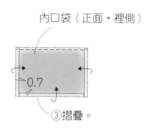

內口袋（正面・裡側）
0.7
③摺疊。

橫長托特包

完成尺寸
寬34.5×長20×側身15cm
（提把29cm）

原寸紙型
無

材料
表布（8號帆布）105cm×65cm
壓克力棉織帶 寬3.8cm 140cm
羅緞緞帶 寬2cm 200cm
固定釦（面釦9mm 底釦9mm）8組

3. 製作本體

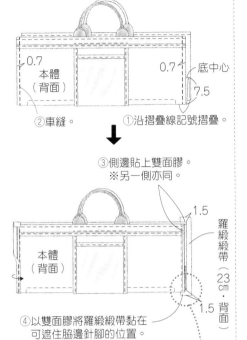

②車縫。
0.7
本體（背面）
0.7
底中心
7.5
①沿摺疊線記號摺疊。

③側邊貼上雙面膠。
※另一側亦同。

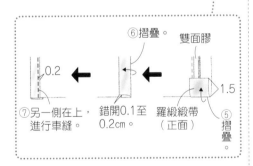

1.5
本體（背面）
羅緞緞帶（23cm·背面）
1.5
④以雙面膠將羅緞緞帶黏在可遮住脇邊針腳的位置。

⑥摺疊。
雙面膠
0.2
⑦另一側在上，進行車縫。
錯開0.1至0.2cm。
羅緞緞帶（正面）
1.5
⑤摺疊。

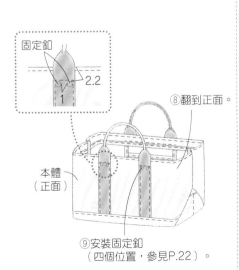

固定釦
2.2
1
⑧翻到正面。
本體（正面）
⑨安裝固定釦（四個位置，參見P.22）。

裁布圖

※標示的尺寸已含縫份。

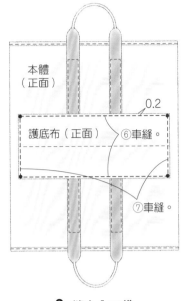

本體（正面）
0.2
護底布（正面）
⑥車縫。
⑦車縫。

2. 縫上內口袋

①往正面依1cm→1cm寬度三摺邊車縫。
1
1
0.2

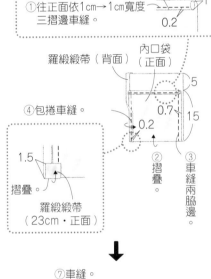

羅緞緞帶（背面）
內口袋（正面）
5
0.7
15
④包捲車縫。
0.2
②摺疊。
③車縫兩脇邊。
1.5
摺疊。
羅緞緞帶（23cm·正面）

⑦車縫。
※車縫時避開提把。

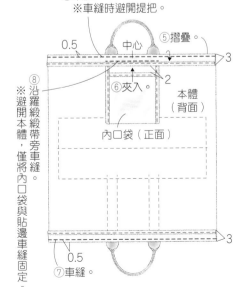

0.5
中心
⑤摺疊。
3
⑧沿羅緞緞帶旁車縫。
⑥夾入。
2
本體（背面）
內口袋（正面）
※避開本體，僅將內口袋與貼邊車縫固定。
3
0.5
⑦車縫。

裁布圖（右上）

51
本體
底中心
48
21
護底布
65cm
61
7.5
16
7.5
內口袋
37
摺疊線
表布（正面）
105cm

1. 接縫提把&護底布

③摺疊縫份。
※以雙面膠固定。
1
1
護底布（背面）

②車縫。
羅緞緞帶（51cm·正面）
0.2
本體（正面）

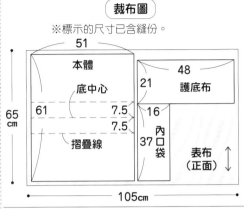

①對摺，包捲縫份。
本體（正面）
護底布（正面）
④車縫。
底中心
2.5
2.5
0.2

⑤參見P.20接縫提把。
10.5 中心 10.5
提把（正面）

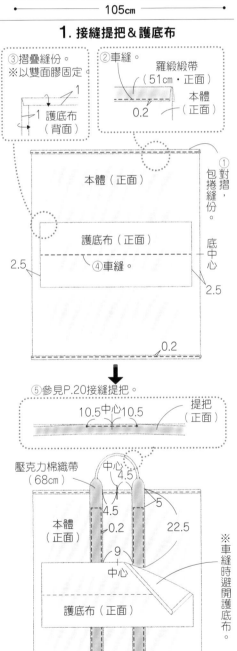

壓克力棉織帶（68cm）
中心
4.5
5
本體（正面）
4.5
0.2
22.5
9
中心
護底布（正面）
提把（正面）
※車縫時避開護底布。
※另一側作法亦同。

完成尺寸	材料
寬34×長34×側身17cm （提把40cm）	表布（進口布）140cm×50cm 裡布（棉布）110cm×50cm／底板 35cm×20cm
原寸紙型	接著襯（Swany中等）92cm×55cm
無	皮提把（寬2cm 長40cm）1組 手縫線 適量

3. 完成

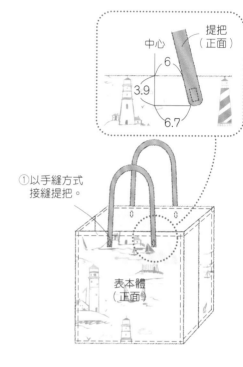

提把（正面）
中心
6
3.9
6.7

①以手縫方式接縫提把。

表本體（正面）

33
16 底板
②剪圓角。

③從返口放入底板。

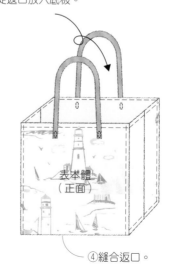

表本體（正面）

④縫合返口。

裡本體（正面）
1
返口15cm
裡本體（背面）
1
1
②燙開縫份。
表本體（背面）
③車縫。
表本體（正面）
1

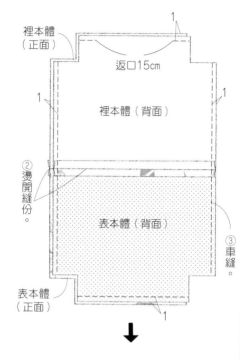

④對齊脇邊線&底線。
⑤車縫。
表本體（背面）

※另一邊&裡本體作法亦同。

2. 車縫側身

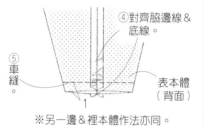

0.5
※由上往下10cm，連同裡本體一併車縫。

裡本體（正面）

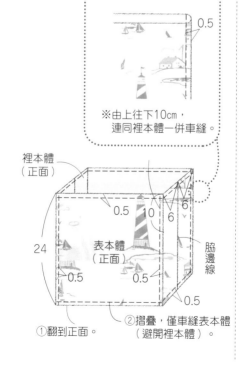

0.5 10 6
24 6
0.5 0.5
表本體（正面）
脇邊線
0.5

①翻到正面。
②摺疊，僅車縫表本體（避開裡本體）。

裁布圖

※標示的尺寸已含縫份。
※▨處需於背面燙貼接著襯。

表布（正面）

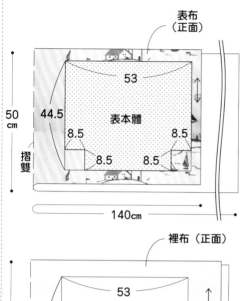

53
44.5
表本體
8.5 8.5
8.5 8.5
50cm
摺雙
140cm

裡布（正面）

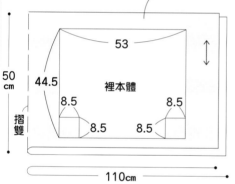

53
44.5
裡本體
8.5 8.5
8.5 8.5
50cm
摺雙
110cm

1. 疊合表本體&裡本體

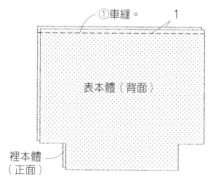

①車縫。
1
表本體（背面）
裡本體（正面）

※另一組作法亦同。

完成尺寸	材料	P.27_ No.35

完成尺寸
寬35×長22×側身13cm

原寸紙型
無

材料
表布（進口布）137cm×30cm
裡布（棉布）110cm×30cm
接著襯（中等）92cm×50cm
皮條 寬2cm×60cm／尼龍拉鍊 35cm 1條
軟皮拉鍊尾片（大）2片
底板（厚1.5mm）25cm×15cm

P.27_ No.35
便當袋

※標示的尺寸已含縫份。
※ ▨ 處需於背面燙貼接著襯。
※ I 處需剪牙口作合印記號。

裁布圖

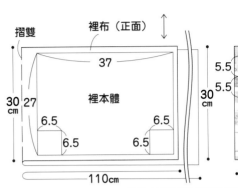

摺雙
裡布（正面）
37
裡本體
30cm 27
6.5　6.5
6.5　6.5
110cm

5.5
5.5
貼邊
貼邊
15　底
37
表布（正面）
表本體
表本體
30cm
24
24
7.5　7.5　7.5　7.5
37　37
137cm

---

⑦對齊脇邊線＆底中心車縫。
※另一側縫法亦同。
裡本體（背面）
1

⑥車縫。
裡本體（背面）
返口15cm
表本體（背面）
對齊底的縫份邊角＆表本體合印
底（背面）
1
⑧車縫。

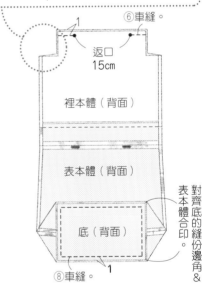

剪圓角。
13　底板　22
⑨從返口放入底板，縫合返口。

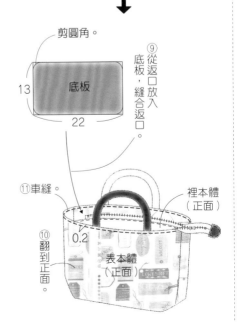

⑪車縫。
裡本體（正面）
0.2
表本體（正面）
⑩翻到正面。

拉鍊（背面）
④縫份倒向裡本體側，車縫。
貼邊（正面）
0.2
裡本體（正面）

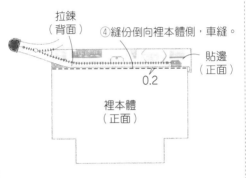

3. 製作本體
①車縫。
1
貼邊（正面）
表本體（背面）
裡本體（正面）

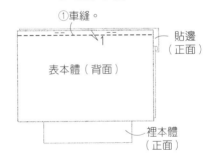

※依2.至3.製作另一側。

④燙開縫份。
裡本體（正面）
裡本體（背面）
③車縫。
貼邊（背面）
②燙開縫份。
1
表本體（背面）
表本體（正面）

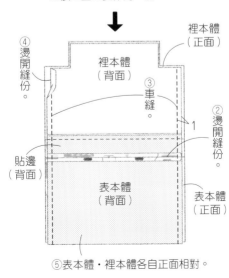

⑤表本體・裡本體各自正面相對。

---

1. 製作表本體

※另一側同樣接縫提把。

皮條（30cm）
0.5　中心
3　3
①暫時車縫固定。
提把（背面）
表本體（正面）

2. 接縫拉鍊

①摺疊拉鍊邊端
❶摺疊上止上方的布帶。
上止
拉鍊（正面）
拉鍊（背面）
❷斜向摺疊。
❸暫時車縫固定
❹以拉鍊尾片包夾下止下方，車縫固定。

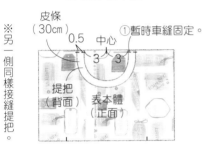

拉鍊（正面）
4.5　0.8　0.5　4.5
②暫時車縫固定。
裡本體（正面）

拉鍊（正面）
③車縫。
1
貼邊（背面）
裡本體（正面）

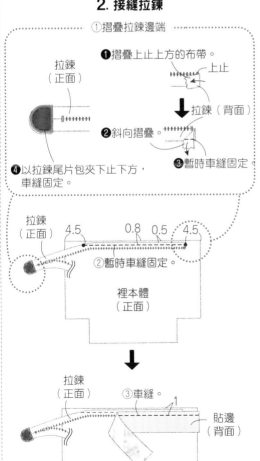

完成尺寸
寬38×長18×側身11cm

原寸紙型
A面

材料
表布（進口布）135cm×30cm
裡布（棉布）110cm×50cm／尼龍拉鍊 35cm 1條
接著襯（中等）92cm×50cm／織帶 寬3.8cm 150cm
口型環 38mm 1個／日型環 38mm 1個

彎月肩背包

3. 製作側身

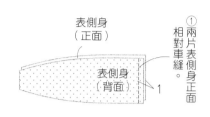

表側身（正面）
表側身（背面）
① 兩片表側身正面相對車縫。

② 燙開縫份。

表側身（背面）　表側身（背面）

※裡側身縫法亦同。

裁布圖

表布（正面）
表拉鍊尾片 3.7×3.5cm
30cm
摺雙
表本體
表側身
表側身
135cm

裡布（正面）
裡拉鍊尾片 3.7×3.5cm
裡側身
50cm
摺雙
裡本體
110cm

※表・裡拉鍊尾片無原寸紙型，請依標示尺寸（已含縫份）直接裁剪。
※ ▨ 處需於背面燙貼接著襯。

4. 套疊表本體＆裡本體

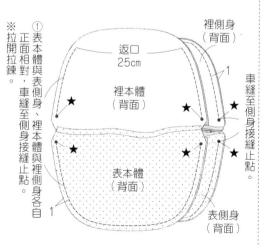

※ 拉開拉鍊。
① 表本體與表側身、裡本體與裡側身各自正面相對，車縫至側身接縫止點。
返口 25cm
裡側身（背面）
裡本體（背面）
★ ★ ★ ★
表本體（背面）
表側身（背面）
車縫至側身接縫止點。
1

⑤ 翻到正面，車縫。
拉鍊（正面）
0.2
表本體（正面）
裡本體（背面）

2. 製作肩背帶

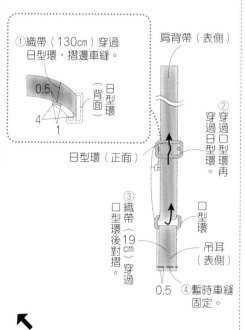

① 織帶（130cm）穿過日型環，摺邊車縫。
0.5
4
1
日型環（背面）
日型環（正面）

肩背帶（表側）
② 穿過口型環再穿過日型環。
③ 織帶（19cm）後對摺，穿過口型環。
0.5
④ 暫時車縫固定。
口型環（正面）
吊耳（表側）

1. 接縫拉鍊

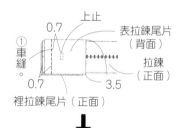

上止
0.7
① 車縫。
0.7
3.5
表拉鍊尾片（背面）
拉鍊（正面）
裡拉鍊尾片（正面）

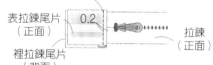

② 翻到正面車縫。
表拉鍊尾片（正面）
0.2
拉鍊（正面）
裡拉鍊尾片（背面）

※下止處的尾端縫法亦同。

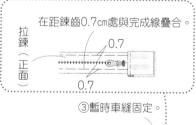

在距鍊齒0.7cm處與完成線疊合。
拉鍊（正面）
0.7
0.7

③ 暫時車縫固定。

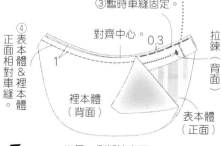

④ 表本體與裡本體正面相對車縫。
對齊中心
0.3
拉鍊（背面）
1
裡本體（背面）
表本體（正面）

※另一側縫法亦同。

94

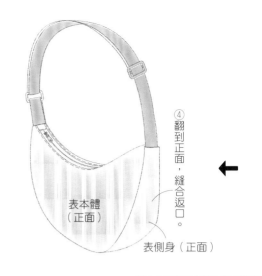

④翻到正面，縫合返口。

表本體（正面）

表側身（正面）

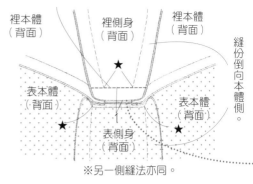

③表・裡★各自正面相對疊合車縫。

裡本體（背面）　裡側身（背面）　裡本體（背面）

縫份倒向本體側。

表本體（背面）　　　表本體（背面）

表側身（背面）

※另一側縫法亦同。

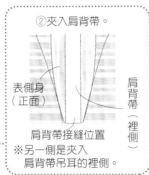

②夾入肩背帶。

表側身（正面）　　　肩背帶（裡側）

肩背帶接縫位置

※另一側是夾入肩背帶吊耳的裡側。

完成尺寸	材料
寬45×長27×側身15cm	表布（進口布）135cm×30cm
原寸紙型	配布（進口布）135cm×30cm
A面	裡布（棉布）110cm×40cm
	接著襯（中等）92cm×65cm／底板 30cm×15cm

P.29_ No.38
簡約托持包

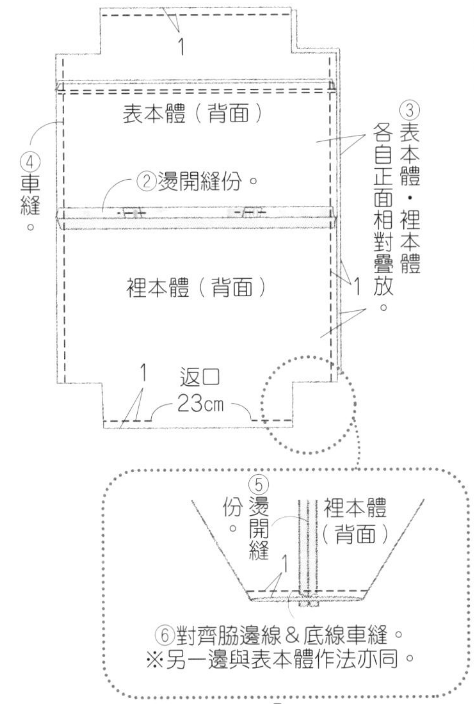

左欄

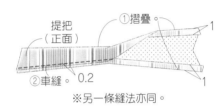

① 1

表本體（背面）

②燙開縫份。

④車縫。

裡本體（背面）

1

③各自表本體・裡本體正面相對疊放。

1　返口 23cm

⑤份燙開縫。

裡本體（背面）

1

⑥對齊脇邊線＆底線車縫。
※另一邊與表本體作法亦同。

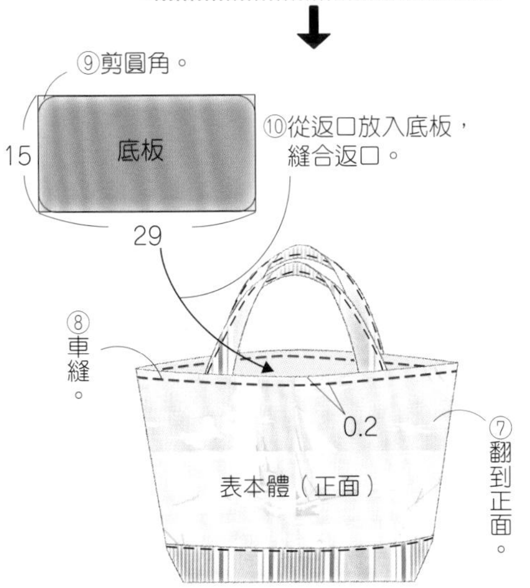

⑨剪圓角。

15　底板

29

⑩從返口放入底板，縫合返口。

⑧車縫。

表本體（正面）

0.2

⑦翻到正面。

---

1. 製作提把

提把（正面）

①摺疊。

②車縫。 0.2

1

1

※另一條縫法亦同。

2. 縫合表本體

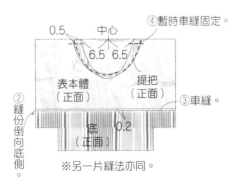

表本體（正面）

底（背面）

1　①車縫。

0.5　中心　④暫時車縫固定。

6.5　6.5

表本體（正面）　提把（正面）

②縫份倒向底側。

底（正面）　0.2　③車縫。

※另一片縫法亦同。

3. 製作本體

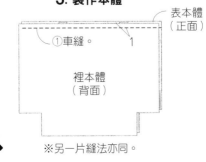

表本體（正面）

①車縫。　1

裡本體（背面）

※另一片縫法亦同。

裁布圖

※除了提把之外皆無原寸紙型，請依標示尺寸（已含縫份）直接裁剪。

※▨ 處需於背面燙貼接著襯。

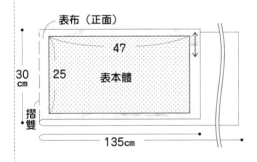

表布（正面）

30cm

47

25　表本體

摺雙

135cm

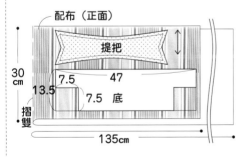

配布（正面）

提把

30cm

13.5

7.5　47

7.5　底

摺雙

135cm

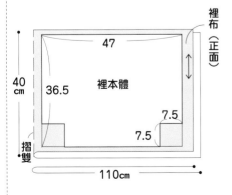

裡布（正面）

47

40cm

36.5　裡本體

7.5

7.5

摺雙

110cm

束口後背包

完成尺寸
寬34×長46×側身12cm

原寸紙型
無

材料
表布（尼龍棉人字紋布料）145cm×160cm
裡布（平紋精梳棉布）110cm×50cm
雙開尼龍拉鍊 60cm 1條

裁布圖
※標示的尺寸已含縫份。

表布（正面）
表・裡外口袋　吊耳8×20cm（1片）　口袋蓋

| 18 | 48 | 14 表底 | 19 | 48 |

48
表本體
57.5
13 13 13 13

14
36

17
39
提把

6
5

124cm

肩帶 肩帶 肩帶 肩帶

摺雙
內口袋
10×29cm

依圖示裁開後摺疊。

145cm

160cm

裡布（正面）
51.8
50cm 摺雙
裡本體 48
5
6
110cm

---

1. 製作肩帶・提把・吊耳

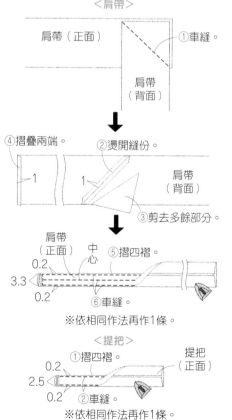

＜肩帶＞
肩帶（正面）　①車縫
肩帶（背面）

④摺疊兩端。　②燙開縫份。
1　1
肩帶（背面）
③剪去多餘部分。

肩帶（正面）中心 ⑤摺四褶。
0.2
3.3
0.2
⑥車縫
※依相同作法再作1條。

＜提把＞
①摺四褶。 提把（正面）
0.2
2.5
0.2
②車縫
※依相同作法再作1條。

＜吊耳＞
4
0.2 ①摺四褶。 1.5
吊耳（正面）
0.2 1.5
③對摺。 ②車縫
5
※依相同作法再作1條。

---

2. 製作外口袋

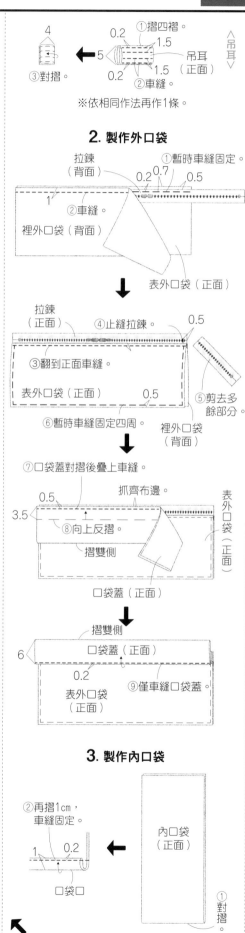

拉鍊（背面）　①暫時車縫固定
0.2 0.7 0.5
1 ②車縫。
裡外口袋（背面）
表外口袋（正面）

拉鍊（正面）　④止縫拉鍊。 0.5
③翻到正面車縫。
表外口袋（正面） 0.5
⑤剪去多餘部分。
⑥暫時車縫固定四周。
裡外口袋（背面）

⑦口袋蓋對摺後疊上車縫。
抓齊布邊
0.5
3.5
⑧向上反摺。
摺雙側
口袋蓋（正面）

摺雙側
6 口袋蓋（正面）
0.2
⑨僅車縫口袋蓋
表外口袋（正面）

---

3. 製作內口袋

②再摺1cm，車縫固定。
1 0.2
口袋口
內口袋（正面）
①對摺。

---

4. 製作表本體＆裡本體

⑤剪去邊角的縫份。
0.5
⑥從口袋口翻到正面。
1 14
內口袋（背面）
③摺疊。 底
口袋口
④車縫兩脇邊。 回針縫口袋口作補強。
內口袋（正面） 底

0.5 4.5 4.5
⑥暫時車縫固定。
中心 提把（正面）
表本體（正面）
0.2 ②車縫。
①暫時車縫固定四周。 表外口袋（正面）
0.5 ④車縫。 0.2
吊耳（正面） 0.5
表底（正面） ③摺疊 1 底中心
⑤暫時車縫固定吊耳。
※另一側縫法亦同。
※另一側同樣縫上提把。

5.5 11 （裡本體） 5.5 11 （裡本體）
開口止點
1
⑧車縫。
表本體（背面）
⑦對摺。
※依⑦、⑧相同作法縫製裡本體
（開口止點在袋口下方5.5cm處）。

96

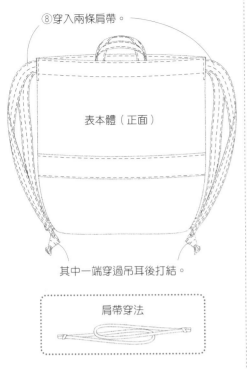

⑧穿入兩條肩帶。

表本體（正面）

其中一端穿過吊耳後打結。

肩帶穿法

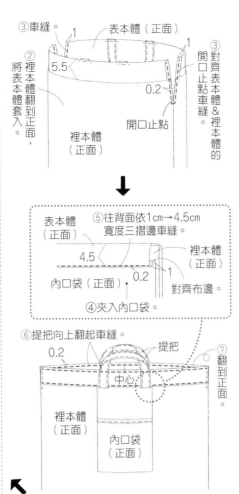

③車縫。

表本體（正面）

5.5

1 1

②裡本體翻到正面，將表本體套入。

③對齊表本體＆裡本體的開口止點車縫。

0.2

開口止點

裡本體（正面）

⑤往背面依1cm→4.5cm寬度三摺邊車縫。

表本體（正面）

4.5

內口袋（正面）

裡本體（正面）

0.2 1

對齊布邊。

④夾入內口袋。

⑥提把向上翻起車縫。

0.2

提把

中心

⑦翻到正面。

裡本體（正面）

內口袋（正面）

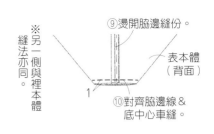

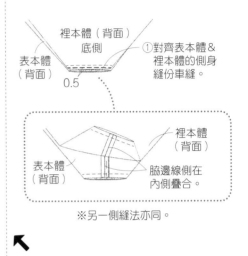

⑨燙開脇邊縫份。

※另一側縫法亦同。

表本體（背面）

1

⑩對齊脇邊線＆底中心車縫。

5. 套疊表本體＆裡本體

裡本體（背面）底側

表本體（背面）

0.5

①對齊表本體＆裡本體的側身縫份車縫。

裡本體（背面）

表本體（背面）

脇邊線側在內側疊合。

※另一側縫法亦同。

完成尺寸	材料	P.28_ No.37
寬19.5×長18cm	表布（進口布）45cm×30cm	**方形波奇包**
原寸紙型	裡布（棉布）45cm×25cm	
無	接著襯（柔軟）30cm×45cm	
	尼龍拉鍊 20cm 1條	

2. 製作耳絆

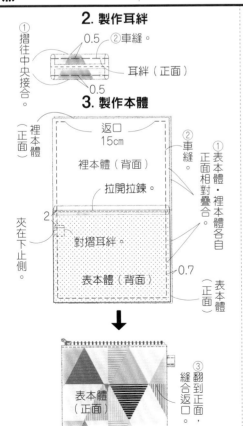

①摺往中央接合。

0.5 ②車縫。

耳絆（正面）

0.5

3. 製作本體

返口 15cm

裡本體（正面）

裡本體（背面）

拉開拉鍊。

②車縫。

①正面相對疊合。

表本體、裡本體各自正面相對疊合。

裡本體（正面）

表本體（正面）

夾在下止側。

2

對摺耳絆。

表本體（背面）

0.7

③翻到正面，縫合返口。

表本體（正面）

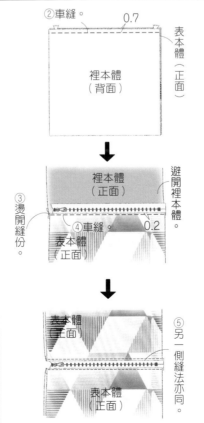

②車縫。 0.7

裡本體（背面）

裡本體（正面）

③燙開縫份。

避開裡本體。

裡本體（正面）

④車縫。 0.2

表本體（正面）

⑤另一側縫法亦同。

表本體（正面）

表本體（正面）

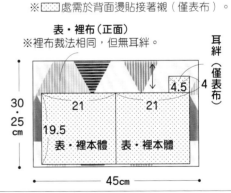

（裁布圖）

※標示的尺寸已含縫份。

※ :::: 處需於背面燙貼接著襯（僅表布）。

表・裡布（正面）

※裡布裁法相同，但無耳絆。

30・25 cm

4.5 4 耳絆（僅表布）

21 21

19.5

表・裡本體 表・裡本體

45cm

1. 接縫拉鍊

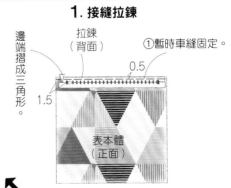

拉鍊（背面）

①暫時車縫固定。

0.5

邊端摺成三角形。

1.5

表本體（正面）

完成尺寸	材料
寬50×長50cm	表布（舊牛仔褲）適量
原寸紙型	徽章・金屬標牌 適量
無	布用接著劑 適量

P.39_ No.43 壁掛收納袋

1. 裁剪

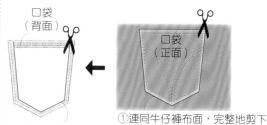

①連同牛仔褲布面，完整地剪下牛仔褲的後口袋。

②內側沿針腳剪掉。

※片數隨個人喜好。

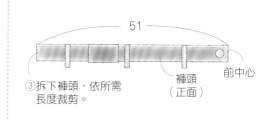

③拆下褲頭，依所需長度裁剪。

51
褲頭（正面）
前中心

2. 製作本體

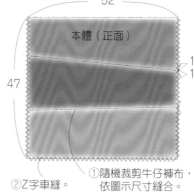

52
47
1
1

①隨機裁剪牛仔褲布，依圖示尺寸縫合。

②Z字車縫。

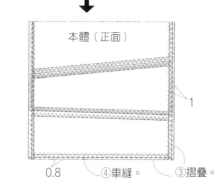

本體（正面）
1
0.8
④車縫。
③摺疊。

⑥邊端內摺1cm黏貼固定。
⑦車縫或以布用接著劑黏貼。

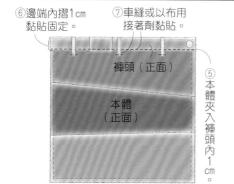

褲頭（正面）
本體（正面）
⑤本體夾入褲頭內1cm。

3. 加上口袋

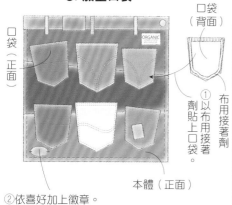

口袋（正面）
本體（正面）

口袋（背面）
①以布用接著劑貼上口袋。

②依喜好加上徽章。

完成尺寸	材料
寬13×長45cm	表布（舊牛仔褲）適量
原寸紙型	裡布（棉布）約15cm×55cm
無	鬆緊帶 寬2.5cm 15cm

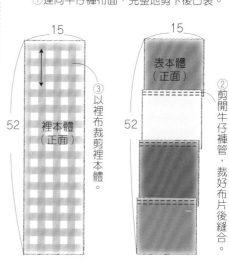

P.39_ No.44 捲筒衛生紙掛套

1. 裁剪

※使用寬約13cm的口袋。

牛仔褲留下1cm
13
1
蓋子（正面）

①連同牛仔褲布面，完整地剪下後口袋。

15
表本體（正面）
52
裡本體（正面）
③以裡布裁剪裡本體。

15
表本體（正面）
52
②剪開牛仔褲管，裁好布片後縫合。

2. 製作本體

①車縫。
2.5
0.5
13cm鬆緊帶
蓋子（背面）

⑤兩片一起Z字車縫。

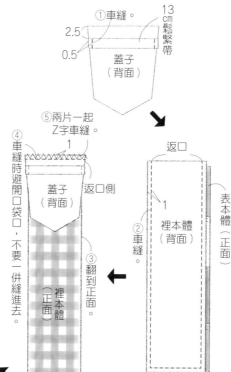

④車縫時避開口袋口，不要一併縫進去。
蓋子（背面）
返口側
1
②車縫。
③翻到正面。

返口
表本體（正面）
1
裡本體（背面）
裡本體（正面）

蓋子（正面）
蓋子（背面）
0.5
裡本體（正面）
表本體（正面）
0.2
⑥蓋子向上翻起車縫。
⑧車縫。
17
表本體（正面）
⑦摺疊。

ORGANIC

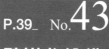

完成尺寸	材料	
長約27×寬約32cm	**表布**（舊牛仔褲）適量	**P.39_ No.42**
原寸紙型	**填充棉** 適量	**消波塊造型門擋**
D面	**碎石等重物** 適量	

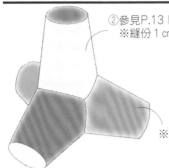

②參見P.13 No.16消波塊造型針插製作。
※縫份1cm，返口7cm。

本體・4片

底・4片

※在底部填一層碎石等重物，
上方再填滿棉花。

①從舊牛仔褲上取喜好的位置裁布。

完成尺寸	材料	
寬32×長28×側身6cm	**表布**（舊牛仔褲）1條	**P.38_ No.41**
原寸紙型	**裡布**（棉布）75cm×45cm	**肩背包**
A面	**附D型環吊耳** 2個／**金屬拉鍊** 24cm 1條	
	附問號鉤肩背帶 寬3cm 1條	

③另一側裡口布&裡側身同樣正面相對車縫。

裡口布（正面）
裡側身（背面）

④車縫。

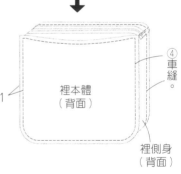

裡本體（背面）
裡側身（背面）

1

⑤裡本體放進表本體內。
⑥接縫於拉鍊布帶。

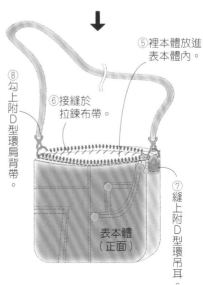

⑧勾上附D型環肩背帶。
⑦縫上附D型環吊耳。
表本體（正面）

---

⑤另一側的表口布&表側身同樣正面相對車縫。

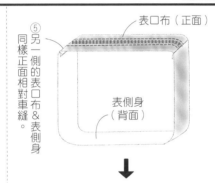

表口布（正面）
表側身（背面）

⑥車縫。

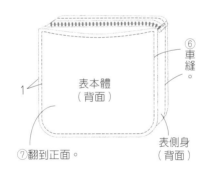

表本體（背面）
表側身（背面）

1

⑦翻到正面。

2. 製作裡本體

裡口布（背面）
1
①摺疊。

※另一片作法亦同。

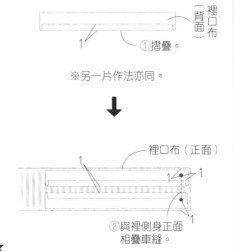

裡口布（正面）
1
1 1
②與裡側身正面相疊車縫。

裁布圖

※除了表・裡本體之外皆無原寸紙型，
　請依標示尺寸（已含縫份）直接裁剪。

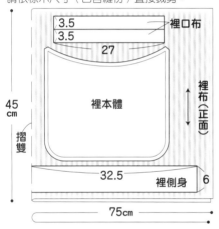

裡口布 3.5
3.5
27
裡本體
裡布（正面）
45cm
摺雙
裡側身
32.5
6
75cm

※表本體・表口布・表側身的尺寸同上，
　隨意以牛仔褲裁剪。

1. 製作表本體

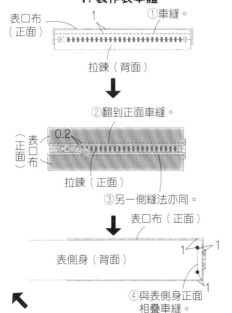

表口布（正面）
1
①車縫。
拉鍊（背面）

②翻到正面車縫。
0.2
表口布（正面）
拉鍊（正面）
③另一側縫法亦同。

表口布（正面）
1 1
表側身（背面）
④與表側身正面相疊車縫。

完成尺寸
寬12×長24cm

原寸紙型

紙型下載方法
參見P.68至P.69。

https://cfpshop.stores.jp/

材料
表布A（棉麻布）30cm×15cm／**表布B**（棉布）35cm×20cm
裡布（棉布）30cm×30cm／**配布A**（不織布）15cm×15cm
配布B（皮革）5cm×5cm／**配布C**（麻布）50cm×10cm
接著襯 30cm×30cm／**FLATKNIT拉鍊** 17cm 1條
緞帶 寬1.5cm 10cm／**鈕釦** 1.5cm 1顆
亮片 直徑0.7cm・**丸大玻璃珠** 各2顆
繩子 粗0.8cm 14cm／**25號繡線** 各適量

獅子波奇包

※表鬃毛、手、尾巴無原寸紙型，請依標示尺寸
（已含縫份）直接裁剪。
※ 處需於背面燙貼接著襯。
※如果是兩片對稱，就將紙型翻面裁剪另一片。

裁布圖

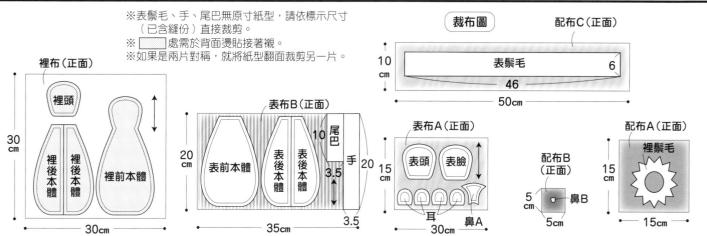

裡布（正面）
裡頭
裡後本體
裡後本體
裡前本體
30cm
30cm

表布B（正面）
表前本體
表後本體
表後本體
尾巴 10
手 3.5
20cm
35cm
3.5
20

配布C（正面）
表鬃毛
10cm
6
46
50cm

表布A（正面）
表頭
表臉
耳
鼻A
15cm
30cm

配布B（正面）
鼻B
5cm
5cm

配布A（正面）
裡鬃毛
15cm
15cm

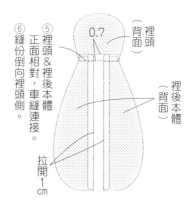

③ 表頭&表後本體正面相對，車縫連接。
表頭（正面）
0.7
表後本體（正面）
④ 縫份倒向表頭側。

⑥ 縫份倒向裡頭側。
⑤ 裡頭&裡後本體正面相對，車縫連接。
裡頭（背面）
0.7
裡後本體（背面）
拉開1cm

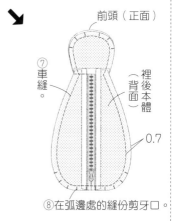

前頭（正面）
⑦ 車縫。
裡後本體（背面）
0.7
⑧ 在弧邊處的縫份剪牙口。

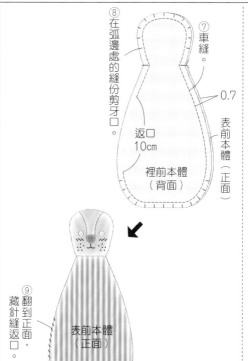

⑧ 在弧邊處的縫份剪牙口。
⑦ 車縫。
返口 10cm
裡前本體（背面）
0.7
表前本體（正面）

⑨ 翻到正面，藏針縫縫返口。
表前本體（正面）

3. 製作後本體

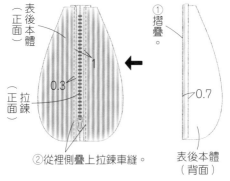

表後本體（正面）
裡後本體（背面）
1
0.3
正面拉鍊
② 從裡側疊上拉鍊車縫。

① 摺疊。
0.7
表後本體（背面）

※另一側&裡後本體摺法亦同。

---

1. 抽鬚製作表鬃毛

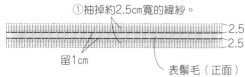

①抽掉約2.5cm寬的緯紗。
留1cm
2.5
2.5
表鬃毛（正面）

※保留抽掉的紗線。

2. 製作前本體

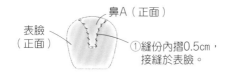

鼻A（正面）
表臉（正面）
①縫份內摺0.5cm，接縫於表臉。

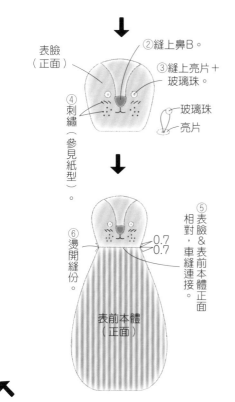

②縫上鼻B。
表臉（正面）
③縫上亮片＋玻璃珠。
④刺繡（參見紙型）。
玻璃珠
亮片

⑤表臉&表前本體正面相對，車縫連接。
0.7
0.7
⑥燙開縫份。
表前本體（正面）

6. 接縫鬃毛

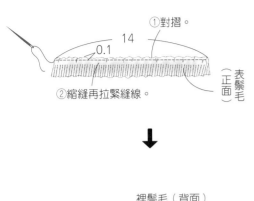

① 對摺。
14
0.1
② 縮縫再拉緊縫線。
表鬃毛（正面）

↓

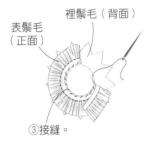

裡鬃毛（背面）
表鬃毛（正面）
③ 接縫。

↓

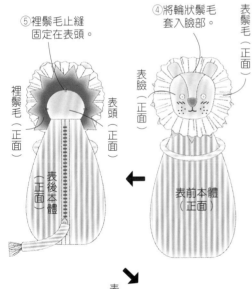

⑤ 裡鬃毛止縫固定在表頭。
④ 將輪狀鬃毛套入臉部。
裡鬃毛（正面）
表鬃毛（正面）
表臉（正面）
表頭（正面）
表鬃毛（正面）
表前本體（正面）
表後本體（正面）

↓

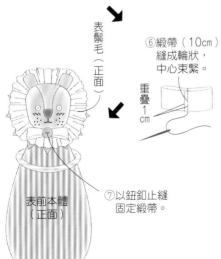

裡鬃毛（正面）
表鬃毛（正面）
⑥ 緞帶（10cm）縫成輪狀，中心束緊。
重疊1cm
表前本體（正面）
⑦ 以鈕釦止縫固定緞帶。

5. 疊合前本體＆後本體

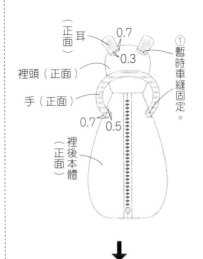

耳（正面）
0.7
0.3
裡頭（正面）
手（正面）
① 暫時車縫固定。
0.7　0.5
裡後本體（正面）

↓

裡頭（正面）
② 前本體＆後本體背面相對疊合，弓字縫周圍。
表前本體（正面）

【弓字縫】
約0.3cm
（正面）（正面）
挑縫縫份的山摺，針腳垂直的跨接兩片布。

↓

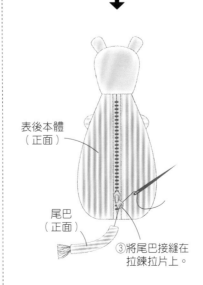

表後本體（正面）
尾巴（正面）
③ 將尾巴接縫在拉鍊拉片上。

製作步驟（右欄）

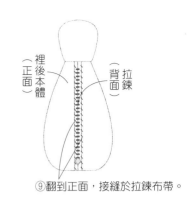

裡後本體（正面）
背面拉鍊
⑨ 翻到正面，接縫於拉鍊布帶。

4. 製作手・尾巴・耳

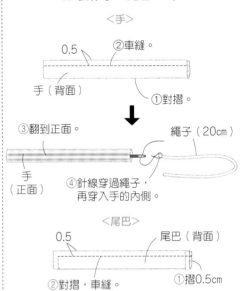

<手>
0.5
② 車縫。
手（背面）
① 對摺。
③ 翻到正面。
繩子（20cm）
手（正面）
④ 針線穿過繩子，再穿入手的內側。

<尾巴>
0.5
尾巴（背面）
② 對摺，車縫。
① 摺0.5cm

↓

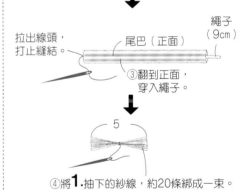

拉出線頭，打止縫結。
尾巴（正面）
繩子（9cm）
③ 翻到正面，穿入繩子。

↓

5
④ 將1.抽下的紗線，約20條綁成一束。

↓

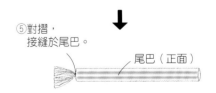

⑤ 對摺，接縫於尾巴。
尾巴（正面）

↓

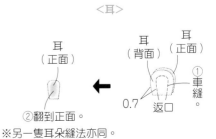

<耳>
耳（正面）
耳（背面）
耳（正面）
0.7
返口
① 車縫。
② 翻到正面。
※ 另一隻耳朵縫法亦同。

完成尺寸	材料
寬12×長22cm	表布A（背刷毛針織布）40cm×15cm

原寸紙型

紙型下載方法
參見P.68至P.69。

https://cfpshop.stores.jp/

材料

表布A（背刷毛針織布）40cm×15cm
表布B（棉布）30cm×20cm／裡布（棉布）30cm×25cm
配布（不織布）10cm×10cm／接著襯 30cm×25cm
亮片 直徑0.7cm・丸大玻璃珠 各2個
繩子 粗0.8cm 14cm／拉鍊 16.5cm 1條
鑰匙圈 直徑3cm 1個／25號繡線（粉紅色・黑色）適量

3. 製作後表本體

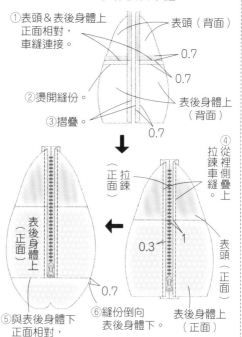

①表頭＆表後身體上正面相對，車縫連接。
表頭（背面）
0.7
0.7
表後身體上（背面）
②燙開縫份。
③摺疊。
0.7

④從裡側疊上。
拉鍊車縫。
正面 拉鍊 正面
表後身體上（正面）
0.3　1
表頭（正面）
表後身體上（正面）
⑤與表後身體下正面相對，車縫連接。
⑥縫份倒向表後身體下。
0.7

拉開 1cm
⑦摺疊。
裡後身體上（背面）
0.7　0.7
裡後身體上（背面）
縫份倒向裡後身體下。
裡後身體下（背面）
⑧與裡後身體下正面相對，車縫連接。
0.7

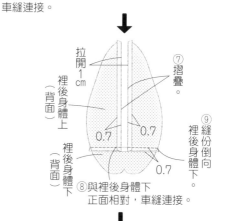

裡後身體上（正面）
⑩車縫。
表頭（正面）
裡後身體上（背面）
⑫翻到正面，接縫於拉鍊布帶。
⑪在弧邊處的縫份剪牙口。

4. 疊合前本體＆後本體

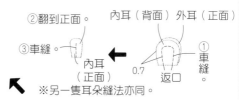

②翻到正面。
內耳（背面）　外耳（正面）
③車縫。
內耳（正面）
①車縫
0.7
返口
※另一隻耳朵縫法亦同。

2. 製作前表本體

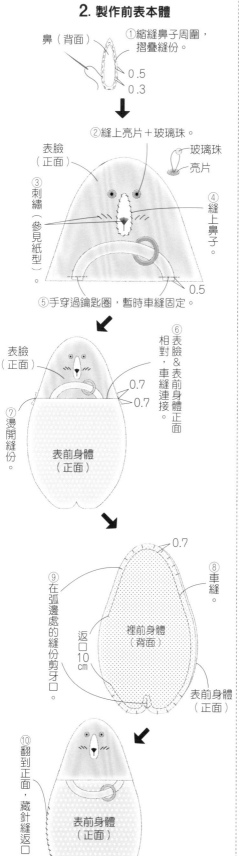

鼻（背面）
①縮縫鼻子周圍，摺疊縫份。
0.5
0.3

②縫上亮片＋玻璃珠。
表臉（正面）
玻璃珠
亮片
③刺繡（參見紙型）
④縫上鼻子。
⑤手穿過鑰匙圈，暫時車縫固定。
0.5

表臉（正面）
⑥表臉＆表前身體正面相對，車縫連接。
0.7　0.7
⑦燙開縫份。
表前身體（正面）

0.7
⑧車縫。
⑨在弧邊處的縫份剪牙口。
返口 10cm
裡前身體（背面）
表前身體（正面）

⑩翻到正面，藏針縫返口。
表前身體（正面）

裁布圖

※手無原寸紙型，請依標示尺寸（已含縫份）直接裁剪。
※ ▨ 處需於背面燙貼接著襯。
※如果是兩片對稱，就將紙型翻面裁剪另一片。

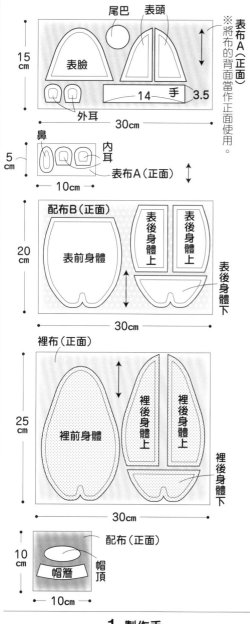

尾巴　表頭
15cm
表臉
外耳
14　手　3.5
30cm
※將布的背面當作正面使用。
表布A（正面）

鼻
5cm
內耳
表布A（正面）
10cm

配布B（正面）
表前身體
表後身體上　表後身體上
20cm
表後身體下
30cm

裡布（正面）
裡前身體
裡後身體上　裡後身體上
25cm
裡後身體下
30cm

配布（正面）
10cm
帽頂
帽簷
10cm

1. 製作手

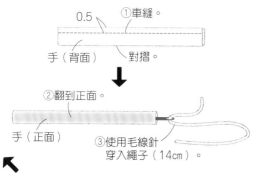

0.5
①車縫。
手（背面）
對摺。
②翻到正面。
手（正面）
③使用毛線針穿入繩子（14cm）。

5. 接縫帽子

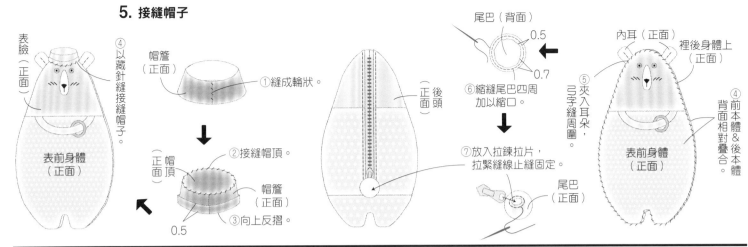

表臉（正面）

④以藏針縫接縫帽子。

帽簷（正面）

①縫成輪狀。

表前身體（正面）

②接縫帽頂。

正面 帽頂

帽簷（正面）

③向上反摺。

0.5

尾巴（背面）

0.5

0.7

正面 後頭

⑥縮縫尾巴四周加以縮口。

⑦放入拉鍊拉片，拉緊縫線止縫固定。

尾巴（正面）

內耳（正面）

裡後身體上（正面）

⑤夾入耳朵，弓字縫周圍。

④前本體＆後本體背面相對疊合。

表前身體（正面）

完成尺寸	材料（■…No.52・■…No.53）	P.47_ No.**52** 手環
長6cm×腕圍約27cm 長8cm×寬6.5cm	**藤條** 粗0.2cm 250cm 3條・粗0.1cm 20cm 1條 　　　粗0.2cm 250cm 1條 **皮繩** 寬4mm 20cm **木串珠** 直徑1cm 1顆 **別針** 1個	P.47_ No.**53** 胸針

原寸紙型
無

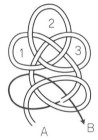

②參見完成尺寸，重複編6個結。

2. 整理

①以粗0.1cm藤條纏繞3至4次打結捆綁（或以皮繩捆綁）。

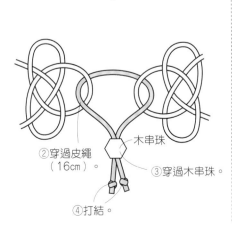

②穿過皮繩（16cm）

木串珠

③穿過木串珠。

④打結。

---

3. 整理

②在別針的背面塗膠，黏貼於喜歡的位置。

①編完後藏好藤條剪斷。

No.52 手環

1. 製作本體

①依No.53 **1.**作法編製淡路結。

※編織圖看起來是1股，其實是3股藤條抓齊一起編織。

＜完成尺寸＞

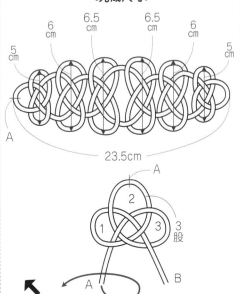

6cm　6.5cm　6.5cm　6cm

5cm　　　　　　　　　5cm

23.5cm

A

A

2

1　3

3股

A　B

準備作業

※藤條在使用前先泡水約10分鐘，軟化後再開始編織。

※一邊編織，一邊視需要將藤條噴濕。

No.53 胸針

1. 編製淡路結

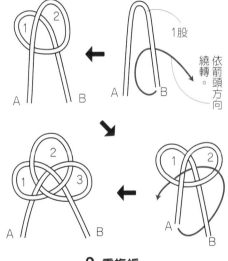

1股

依前頭方向繞轉

A　B

A　B

2

1　3

A　B

2. 重複編

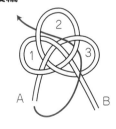

2

1　3

A　B

1 緊貼第一圈淡路結外側重複編織，共編4圈。

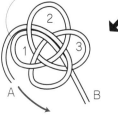

2

1　3

A　B

鱷魚波奇包

完成尺寸

寬8×長30cm

原寸紙型

紙型下載方法
參見P.68至P.69。
https://cfpshop.stores.jp/

材料

表布A（棉麻布）25cm×10cm／表布B（棉麻布）25cm×25cm

裡布（棉布）40cm×25cm／配布（棉布）5cm×5cm 5片

不織布（淺粉紅・粉紅）各5cm×5cm／不織布（綠色）5cm×10cm

接著襯 40cm×25cm／金屬拉鍊 16cm 1條

25號繡線 各適量／亮片 直徑0.7cm 2片

六角串珠 4顆／鑰匙圈 直徑3cm 1個

---

3. 疊合前・後

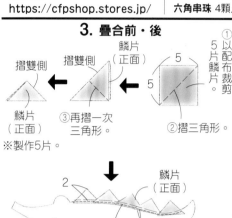

①以配布裁剪5片鱗片。
②摺三角形。
③再摺一次三角形。
※製作5片。

摺雙側　鱗片（正面）

鱗片（正面）

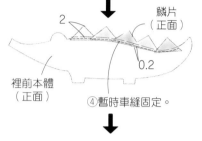

鱗片（正面）
裡前本體（正面）
④暫時車縫固定。
0.2

⑤前本體＆後本體背面相對疊合，弓字縫周圍（參見P.101）。

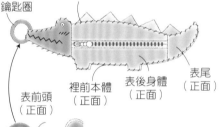

鑰匙圈
表前頭（正面）
裡前本體（正面）
表後身體（正面）
表尾（正面）

⑥穿過鑰匙圈，摺疊前頭止縫固定，再以弓字縫縫合後頭。

表後頭（正面）

⑦穿過鑰匙圈，對摺。

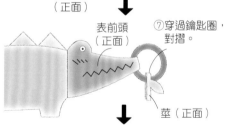

表前頭（正面）
莖（正面）

⑧以兩片花瓣包夾莖，疊上花蕊，再縫上串珠加以固定。

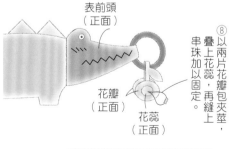

表前頭（正面）
花瓣（正面）
花蕊（正面）

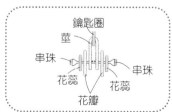

鑰匙圈
莖
串珠
串珠
花蕊　花蕊
花瓣

---

2. 製作後本體

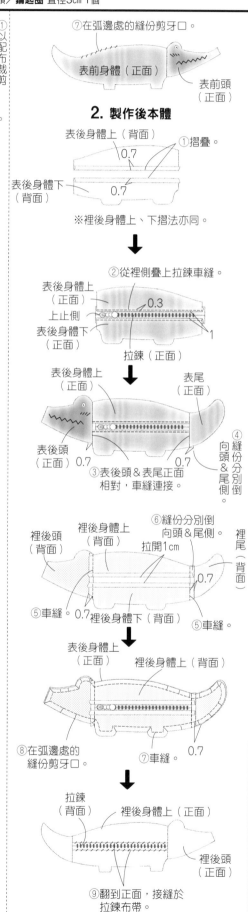

⑦在弧邊處的縫份剪牙口。

表前身體（正面）　表前頭（正面）

表後身體上（背面）
①摺疊。
表後身體下（背面）
0.7
0.7

※裡後身體上、下摺法亦同。

②從裡側疊上拉鍊車縫。
表後身體上（正面）
上止側
表後身體下（正面）
拉鍊（正面）
0.3
1

表後身體上（正面）
表尾（正面）
表後頭（正面）
③表後頭＆表尾正面相對，車縫連接。
0.7
0.7
④縫份分別倒向頭＆尾側。

⑥縫份分別倒向頭＆尾側。
裡後頭（背面）
裡後身體上（背面）
拉開1cm
裡尾（背面）
⑤車縫。0.7 裡後身體下（背面）⑤車縫。0.7

表後身體上（正面）
裡後身體上（背面）
⑧在弧邊處的縫份剪牙口。
⑦車縫。0.7

拉鍊（背面）
裡後身體上（正面）
⑨翻到正面，接縫於拉鍊布帶。

裁布圖

※ ▢ 處需於背面燙貼接著襯。

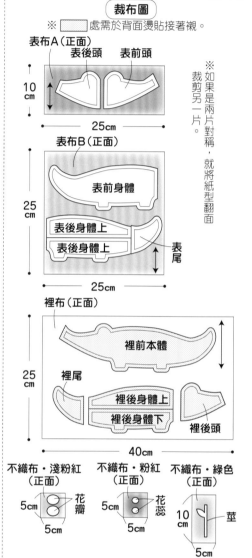

表布A（正面）
表後頭　表前頭
10cm
25cm

※如果是兩片對稱，就將紙型翻面裁剪另一片。

表布B（正面）
表前身體
表後身體上
表後身體上
表尾
25cm
25cm

裡布（正面）
裡前本體
裡尾
裡後身體上
裡後身體下
裡後頭
25cm
40cm

不織布・淺粉紅（正面）　5cm×5cm　花瓣
不織布・粉紅（正面）　5cm×5cm　花蕊
不織布・綠色（正面）　10cm×5cm　莖

---

1. 製作前本體

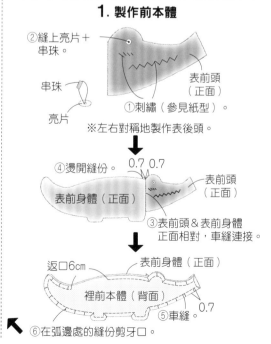

②縫上亮片＋串珠。
串珠
亮片
表前頭（正面）
①刺繡（參見紙型）。
※左右對稱地製作表後頭。

④燙開縫份。
0.7 0.7
表前身體（正面）
表前頭（正面）
③表前頭＆表前身體正面相對，車縫連接。

返口6cm
表前身體（正面）
裡前本體（背面）
⑤車縫。0.7
⑥在弧邊處的縫份剪牙口。

完成尺寸
寬20×長12cm

原寸紙型

紙型下載方法
參見P.68至P.69。
https://cfpshop.stores.jp/

材料
表布A（羊羔絨）20cm×25cm
表布B（背刷毛針織布）30c㎡×15cm／六角串珠 2顆
裡布（棉布）25cm×25cm／配布（不織布）10cm×5cm
尼龍拉錬 15cm 1條／髮圈15cm
毛絨球 直徑1cm 1個／亮片 直徑0.7cm 2片
麻繩 10cm／25號繡線（粉紅色）適量

---

3. 製作裡本體

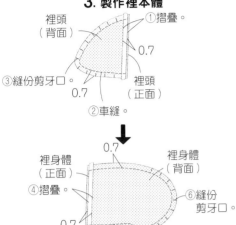

①摺疊。
裡頭（背面）
0.7
③縫份剪牙口。
0.7
裡頭（正面）
②車縫。

0.7
裡身體（正面）
裡身體（背面）
④摺疊。
⑥縫份剪牙口。
0.7
⑤車縫。

4. 疊合表‧裡

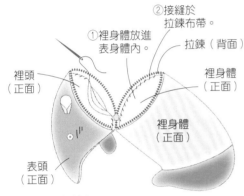

②接縫於拉鍊布帶。
①裡身體放進表身體內。
拉鍊（背面）
裡頭（正面）
裡身體（正面）
表頭（正面）

※頭側縫法亦同。

5. 接縫帽子

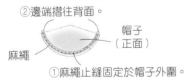

②邊端摺往背面。
帽子（正面）
麻繩
①麻繩止縫固定於帽子外圍。

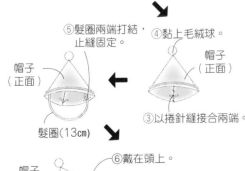

⑤髮圈兩端打結，止縫固定。
④黏上毛絨球。
帽子（正面）
帽子（正面）
③以捲針縫接合兩端。
髮圈（13cm）

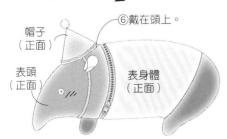

帽子（正面）
⑥戴在頭上。
表頭（正面）
表身體（正面）

---

2. 製作表本體

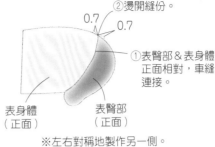

②燙開縫份。
0.7
0.7
①表臀部＆表身體正面相對，車縫連接。
表身體（正面）
表臀部（正面）

※左右對稱地製作另一側。

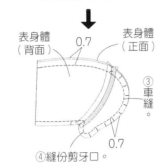

表身體（背面）
0.7
表身體（正面）
③車縫。
④縫份剪牙口。
0.7

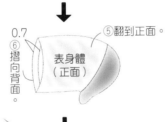

0.7
⑤翻到正面。
⑥摺向背面。
表身體（正面）

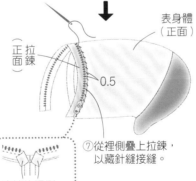

（正面）拉鍊
0.5
表身體（正面）

⑦從裡側疊上拉鍊，以藏針縫接縫。

邊端往裡側摺三角形

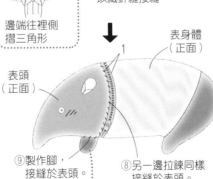

表頭（正面）
表身體（正面）
⑨製作腳，接縫於表頭。
⑧另一邊拉鍊同樣接縫於表頭。

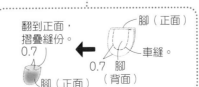

翻到正面，摺疊縫份。
0.7
腳（正面）
車縫。
0.7 腳（背面）
腳（正面）

裁布圖

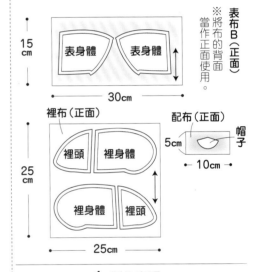

表布A（正面）
表頭
表頭
耳
腳
25cm
表臀部 表臀部
20cm

※如果是兩片對稱，就將紙型翻面裁剪另一片。

表身體
表身體
15cm
30cm

※將布的背面當作布的正面使用。表布B（正面）

裡布（正面）
裡頭
裡身體
裡身體
裡頭
25cm
25cm

配布（正面）
5cm
10cm
帽子

---

1. 製作表頭

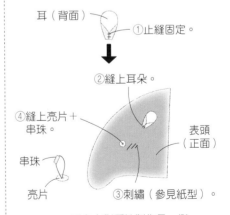

耳（背面）
①止縫固定。
②縫上耳朵。
④縫上亮片＋串珠。
串珠
亮片
表頭（正面）
③刺繡（參見紙型）。

※左右對稱地製作另一側。

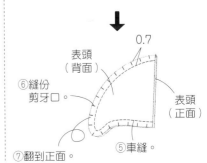

0.7
表頭（背面）
⑥縫份剪牙口。
表頭（正面）
⑤車縫。
⑦翻到正面

完成尺寸

寬24.5×長14cm

原寸紙型

B面

材料

表布（棉布）25cm×35cm／裡布（棉布）25cm×35cm
配布A（棉布）30cm×25cm／配布B（棉布）30cm×20cm
配布C（棉布）10cm×5cm／配布D（棉布）10cm×10cm
接著鋪棉 50cm×35cm／尼龍拉鍊 20cm 1條
不織布貼紙 直徑1.5cm（白色）・直徑1cm（黑色）各1片
25號繡線（黑色・白色）適量
貼布縫紙襯 25cm×15cm／雙膠接著襯 10cm×10cm

花斑擬鱗魨波奇包

2. 製作前本體

⑤依白→黑順序黏貼不織布貼紙。
④以雙膠接著襯貼上圖案B，Z字車縫接著襯周圍。
①在前表本體背面燙貼接著鋪棉。
圖案A（正面）

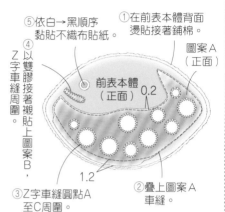
前表本體（正面）0.2
1.2
②疊上圖案A車縫。
③Z字車縫圓點A至C周圍。

⑦法國結粒繡（白色・3股）
⑥回針繡（黑色・1股）。
⑩暫時車縫固定。
0.2 0.5
前表本體（正面）

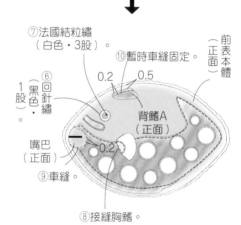
嘴巴（正面）
0.2
背鰭A（正面）
⑨車縫。
⑧接縫胸鰭。

回針繡
← 行進方向
❶出
❷入
❸出

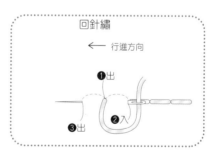

※法國結粒繡的繡法參見P.86。

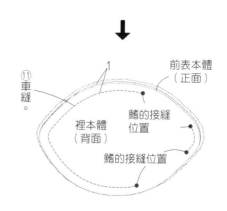
⑪車縫。
1
前表本體（正面）
裡本體（背面）
鰭的接縫位置
鰭的接縫位置

圖案A

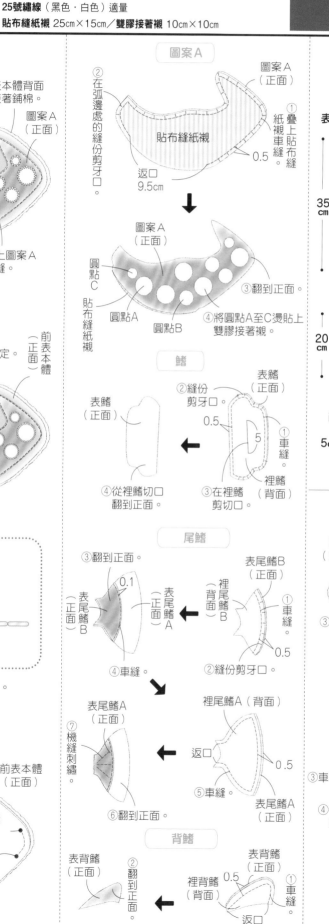
②在弧邊處的縫份剪牙口。
圖案A（正面）
①疊上貼布縫紙襯車縫。
0.5
貼布縫紙襯
返口 9.5cm

圖案A（正面）
圓點C
圓點A
圓點B
貼布縫紙襯
③翻到正面。
④將圓點A至C燙貼上雙膠接著襯。

鰭

表鰭（正面）
②縫份剪牙口。
表鰭（正面）
0.5
5
①車縫。
裡鰭（背面）
④從裡鰭切口翻到正面。
③在裡鰭剪切口。

尾鰭

③翻到正面。
表尾鰭B（正面）
0.1
裡尾鰭B（正面）
表尾鰭B（正面）
表尾鰭A（正面）
裡尾鰭B（背面）
①車縫。
②縫份剪牙口。
0.5
④車縫。

表尾鰭A（正面）
裡尾鰭A（背面）
⑦機縫刺繡。
返口
⑤車縫。
表尾鰭A（正面）
0.5
⑥翻到正面。

背鰭

表背鰭（正面）
裡背鰭（背面）
表背鰭（正面）
0.5
②翻到正面。
①車縫。
返口

裁布圖

※ ▨ 處需於背面燙貼雙膠接著襯。
※ ▥ 處需同樣裁剪貼布縫紙襯。

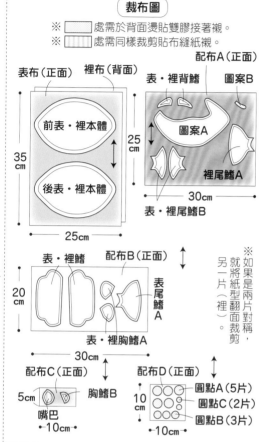
表布（正面）　裡布（背面）
前表・裡本體
後表・裡本體
35cm
25cm
配布A（正面）
表・裡背鰭
圖案B
圖案A
裡尾鰭A
表・裡尾鰭B
30cm

表・裡鰭
配布B（正面）
20cm
表尾鰭A
表・裡胸鰭A
30cm

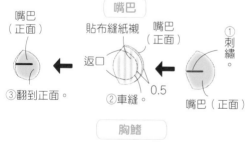
配布C（正面）
5cm
嘴巴
胸鰭B
配布D（正面）
10cm
10cm
圓點A（5片）
圓點C（2片）
圓點B（3片）

※如果是兩片對稱，就將紙型翻面裁剪另一片（裡）。

1. 製作部件

嘴巴

嘴巴（正面）
貼布縫紙襯
嘴巴（正面）
返口
①刺繡。
③翻到正面。
②車縫。
0.5
嘴巴（正面）

胸鰭

①依嘴巴②至③製作胸鰭B。

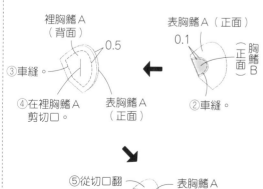
裡胸鰭A（背面）
表胸鰭A（正面）
0.5
0.1
胸鰭B（正面）
③車縫。
④在裡胸鰭A剪切口。
表胸鰭A（正面）
②車縫。
⑤從切口翻到正面。
表胸鰭A（正面）

4. 接縫拉鍊，完成

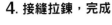

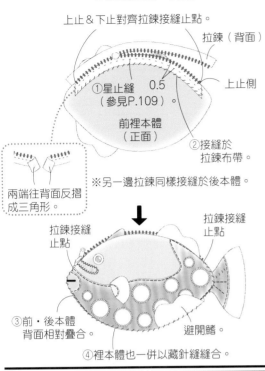

上止＆下止對齊拉鍊接縫止點。

拉鍊（背面）

①星止縫
（參見P.109）
0.5

上止側

前裡本體
（正面）

②接縫於拉鍊布帶。

※另一邊拉鍊同樣接縫於後本體。

兩端往背面反摺成三角形。

拉鍊接縫止點

拉鍊接縫止點

③前・後本體背面相對疊合。

④裡本體也一併以藏針縫縫合。

避開鰭。

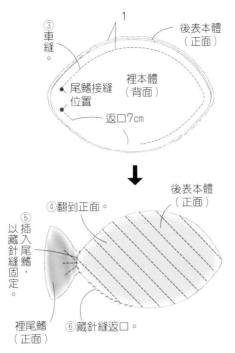

③車縫。

1

後表本體（正面）

裡本體（背面）

尾鰭接縫位置

返口7cm

④翻到正面。

⑤插入尾鰭，以藏針縫固定。

後表本體（正面）

裡尾鰭（正面）

⑥藏針縫返口。

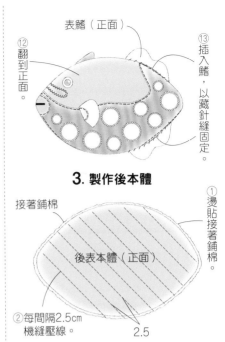

表鰭（正面）

⑫翻到正面。

⑬插入鰭，以藏針縫固定。

3. 製作後本體

接著鋪棉

①燙貼接著鋪棉。

後表本體（正面）

②每間隔2.5cm機縫壓線。

2.5

完成尺寸	材料		
寬42×長38×側身10cm（肩背帶65cm・提把18cm）	表布（雙層彈力網布）50cm×100cm	**P.25_ No.33**	

完成尺寸
寬42×長38×側身10cm
（肩背帶65cm・提把18cm）

原寸紙型
無

材料
表布（雙層彈力網布）50cm×100cm

logo織帶 寬3cm 250cm

磁釦 14mm 1顆

接著襯（厚）10cm×10cm

P.25_ No.33
2way網布包

---

2. 接縫肩背帶

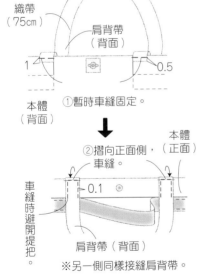

織帶（75cm）

肩背帶（背面）

1

0.5

本體（背面）

①暫時車縫固定。

②摺向正面側，車縫。

本體（正面）

0.1

車縫時避開提把。

肩背帶（背面）

※另一側同樣接縫肩背帶。

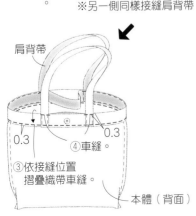

肩背帶

0.3

0.3

④車縫。

⑤依接縫位置摺疊織帶車縫。

本體（背面）

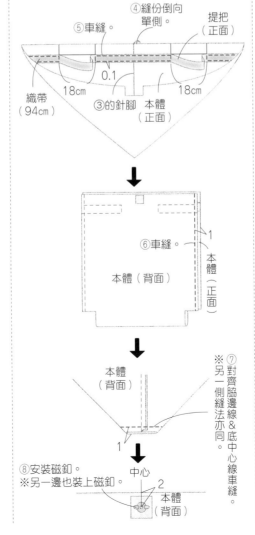

④縫份倒向單側。

⑤車縫。

提把（正面）

織帶（94cm）

18cm

③的針腳

本體（正面）

18cm

⑥車縫。

1

本體（正面）

本體（背面）

本體（背面）

⑥車縫。

⑦對齊脇邊線＆底中心線車縫。

※另一側縫法亦同。

本體（背面）

1

中心

⑧安裝磁釦。
※另一邊也裝上磁釦。

2

本體（背面）

（裁布圖）

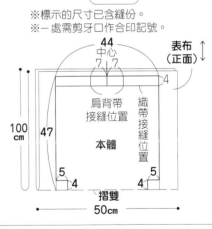

※標示的尺寸已含縫份。
※一處需剪牙口作合印記號。

44

中心

7 7

4

表布（正面）↑

肩背帶接縫位置

織帶接縫位置

本體

100cm

47

5 4

5

4

摺雙

50cm

---

1. 製作本體

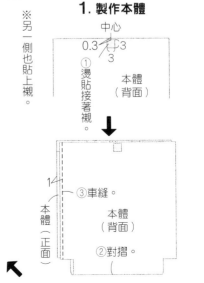

※另一側也貼上襯。

中心

0.3 3

3

①燙貼接著襯。

本體（背面）

1

③車縫。

本體（正面）

本體（背面）

②對摺。

材料
表布（舊牛仔褲）2至3條／**裡布**（棉布）75cm×25cm
附**D型吊耳** 2個／**肩背帶** 1條
圓繩 粗0.6cm 90cm

P.38_ No.40
束口肩背包

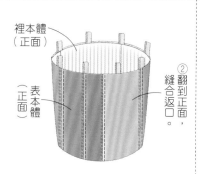

裡本體（正面）
②縫合返口。
表本體（正面）
②翻到正面，縫合返口。

4. 製作繩擋

①以表布裁剪繩擋。

繩擋（正面）
5.5cm
6cm

摺疊。
繩擋（背面）
0.5
1
1
3.5
②車縫。

③Z字車縫。
繩擋（背面）

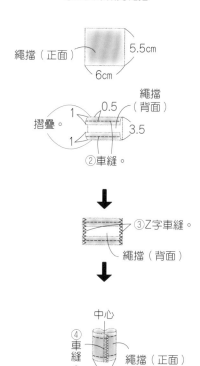
中心
④車縫。
繩擋（正面）
2.5

5. 完成

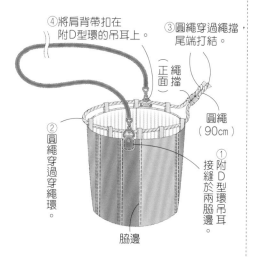
④將肩背帶扣在附D型環的吊耳上。
③圓繩穿過繩擋，尾端打結。
正面
繩擋
②圓繩穿過穿繩環。
圓繩（90cm）
①接縫於兩脇邊。附D型環吊耳
脇邊

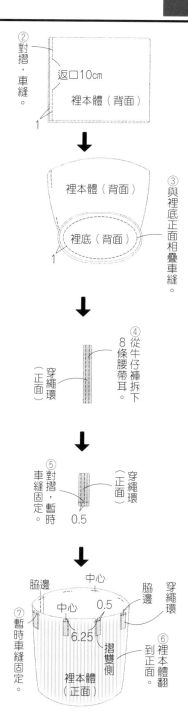

②對摺，車縫。
返口10cm
裡本體（背面）
1

裡本體（背面）
裡底（背面）
1
③與裡底正面相疊車縫。

④從牛仔褲拆下8條腰帶環
穿繩環
（正面）

⑤對摺，車縫固定，暫時。
穿繩環（正面）
0.5

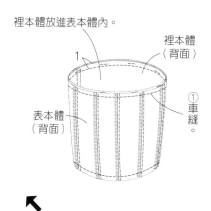
中心
脇邊
中心
0.5
6.25
摺雙側
脇邊
穿繩環
⑦暫時車縫固定。
裡本體（正面）
⑥裡本體翻到正面。

3. 套疊表本體＆裡本體

裡本體放進表本體內。

裡本體（背面）
1
表本體（背面）
①車縫。

---

1. 製作表本體

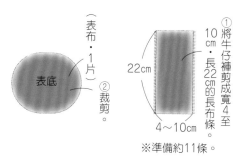
（表布・1片）
表底
②裁剪。
①將牛仔褲剪成寬4至10cm・長22cm的長布條。
22cm
4～10cm
※準備約11條。

③將布條重疊車縫至寬52cm。
0.5
重疊1cm
表本體（正面）
52cm

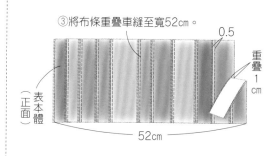
④對摺，車縫。
表本體（背面）
1

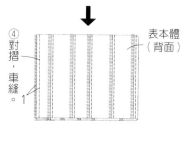
表本體（背面）
表底（背面）
1
⑤與表底正面相疊車縫。

2. 製作裡本體

①裁剪裡布。

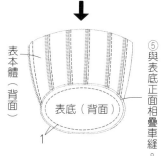
22cm
裡本體（裡布・1片）
52cm

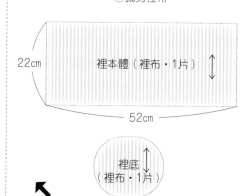
裡底（裡布・1片）

108

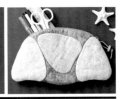

完成尺寸	材料	P.43_ No.50
寬23×長13.5cm	**表布**（棉布）55cm×20cm／**裡布**（棉布）55cm×20cm	**發光水母波奇包**

完成尺寸
寬23×長13.5cm

原寸紙型

紙型下載方法
參見P.68至P.69。
https://cfpshop.stores.jp/

材料
表布（棉布）55cm×20cm／**裡布**（棉布）55cm×20cm
配布A（棉布）30cm×25cm／**接著鋪棉** 55cm×40cm
拉鍊 20cm 1條／**鈕釦** 1.5cm 2顆
蠟繩 粗0.2cm 15cm

P.43_ No.50
發光水母波奇包

4. 接縫拉鍊，完成

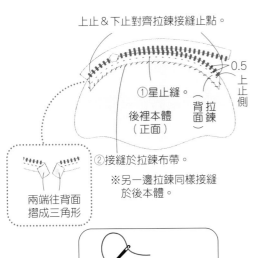

上止＆下止對齊拉鍊接縫止點。

①星止縫。

後裡本體
（正面）

背面 拉鍊

0.5
上止側

②接縫於拉鍊布帶。

※另一邊拉鍊同樣接縫
於後本體。

兩端往背面
摺成三角形

❶出　❷入
0.2
星止縫

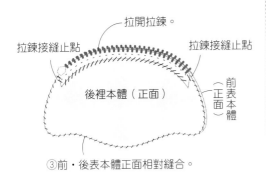

拉開拉鍊。

拉鍊接縫止點　　拉鍊接縫止點

後裡本體（正面）

前表本體

③前・後表本體正面相對縫合。

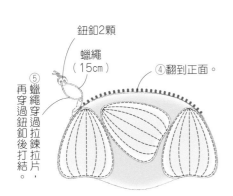

鈕釦2顆

蠟繩
（15cm）

④翻到正面。

⑤蠟繩穿過拉鍊拉片，再穿過鈕釦後打結。

2. 製作前本體

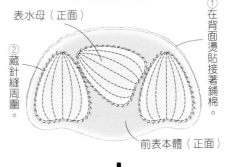

表水母（正面）

②藏針縫周圍。

①在背面燙貼接著鋪棉。

前表本體（正面）

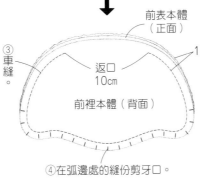

前表本體（正面）

③車縫。

返口
10cm

前裡本體（背面）

1

④在弧邊處的縫份剪牙口。

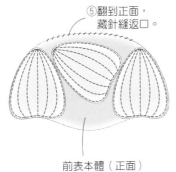

⑤翻到正面，藏針縫返口。

前表本體（正面）

3. 製作後本體

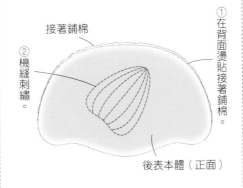

接著鋪棉

②機縫刺繡

①在背面燙貼接著鋪棉。

後表本體（正面）

③依**2.**③至⑤製作。

裁布圖

※ □ 處需於背面燙貼接著鋪棉。

表・裡布（正面）
※裡布裁法相同。

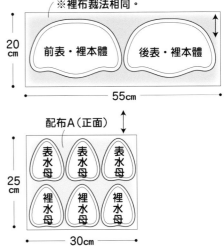

20cm

前表・裡本體　　後表・裡本體

55cm

配布A（正面）

25cm

表水母　表水母　表水母
裡水母　裡水母　裡水母

30cm

1. 製作水母

表水母（正面）

①機縫刺繡。

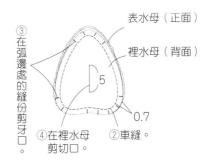

③在弧邊處的縫份剪牙口。

表水母（正面）

裡水母（背面）

5

②車縫。

0.7

④在裡水母剪切口。

⑤從切口翻到正面。

※製作3個。

完成尺寸
背長：25cm 胸圍：39.5cm
背長：27.5cm 胸圍：43.5cm

原寸紙型
B面

材料（■…S・■…M・■…通用）

表布（細棉麻布）105cm×50cm・110cm×60cm
裡布（雙層紗布）65cm×30cm・65cm×35cm
接著襯（薄）65cm×30cm・65cm×35cm
塑膠四合釦 13mm 4組
包釦組 22mm 3組

荷葉邊連身裙
S・M

參考尺寸

尺寸	背長	胸圍	適合犬種
S	23cm	27cm～35cm	吉娃娃・馬爾濟斯
M	27cm	35cm～42cm	吉娃娃・西施犬・貴賓犬

※依個別差異而定，尺寸及對應犬種僅供參考。

背長

胸圍

裁布圖

※除了表・裡底之外皆無原寸紙型，請依標示尺寸
（已含縫份）直接裁剪。
※■…S・■…M・■…通用
※▨▨處需於背面燙貼接著襯。

裡後

裡前

裡前

裡布
（正面）

30
35
cm

65cm

※紙型翻面使用。

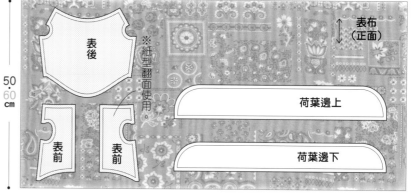

表後

表前

表前

荷葉邊上

荷葉邊下

表布
（正面）

※紙型翻面使用。

50
60
cm

105・110cm

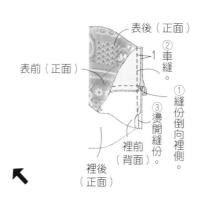

表前
（正面）

⑤車縫。

表後
（正面）

0.3

④翻到正面整燙。

⑥兩片一起Z字車縫。

4. 製作荷葉邊下

荷葉邊下（正面）

①Z字車縫。

荷葉邊下（背面）

0.7

③車縫。

1

②摺疊。

表前
（正面）

表後
（正面）

①車縫。

⑤翻到正面整燙。

裡前
（背面）

裡後
（背面）

3. 縫合脇邊

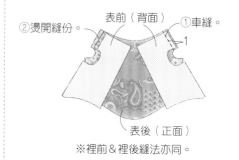

表後（正面）

表前（正面）

②車縫

1

①縫份倒向裡側。

③燙開縫份。

裡前
（背面）

裡後
（正面）

1. 車縫肩部

②燙開縫份。

表前（背面）

①車縫。

1

表後（正面）

※裡前＆裡後縫法亦同。

2. 車縫領圍＆袖襱

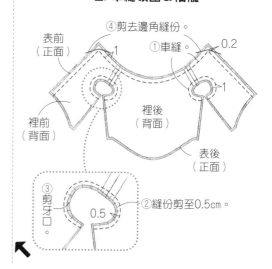

④剪去邊角縫份。

表前
（正面）

①車縫。

0.2

1

裡後
（背面）

裡前
（背面）

表後
（正面）

③剪牙口

0.5

②縫份剪至0.5cm。

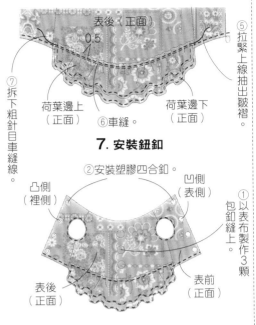

表後（正面）

0.5

⑦拆下粗針目車縫線。

荷葉邊上（正面）

⑥車縫。

荷葉邊下（正面）

⑤拉緊上線抽出皺褶。

6. 接縫荷葉邊

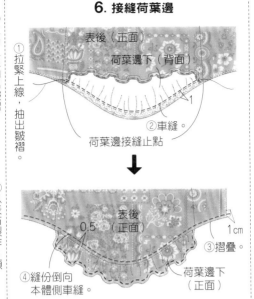

表後（正面）

荷葉邊下（背面）

①拉緊上線，抽出皺褶。

車縫。

荷葉邊接縫止點

↓

表後（正面）

0.5

1cm

③摺疊。

④縫份倒向本體側車縫。

荷葉邊下（正面）

0.5　④粗針目車縫。

荷葉邊下（背面）

5. 製作荷葉邊上

①作法與4.①至③相同。

1　②摺疊。　0.4

荷葉邊上（背面）

③粗針目車縫。

7. 安裝鈕釦

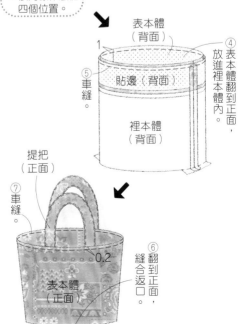

②安裝塑膠四合釦。

凸側（裡側）

凹側（表側）

①以表布製作3顆包釦縫上。

表後（正面）

表前（正面）

完成尺寸	材料	
寬24×長18×側身8cm（提把30cm）	表布（細棉麻布）75cm×40cm	
原寸紙型	裡布（亞麻布）60cm×20cm	
無	接著襯（中厚）75cm×40cm	

P.48_ No.55
散步托特包

---

3. 製作本體

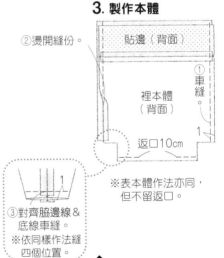

②燙開縫份。

貼邊（背面）

①車縫

裡本體（背面）

返口10cm

1

③對齊脇邊線&底線車縫。
※依同樣作法縫四個位置。

1

※表本體作法亦同，但不留返口。

表本體（背面）

1

④表本體翻到正面，放進裡本體內。

⑤車縫。

貼邊（背面）

裡本體（背面）

提把（正面）

⑦車縫

0.2

⑥縫合返口

翻到返口，翻到正面。

表本體（正面）

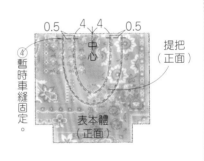

0.5　4　4　0.5

中心

④暫時車縫固定。

提把（正面）

表本體（正面）

※另一組作法亦同。

2. 接縫貼邊

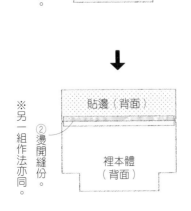

貼邊（背面）

①車縫。

裡本體（正面）

↓

貼邊（背面）

②燙開縫份。

裡本體（背面）

※另一組作法亦同。

（裁布圖）

※標示的尺寸已含縫份。
※ □ 處需於背面燙貼接著襯。

表布（正面）

26　8

8

貼邊

提把

40

表本體

24

32

4　4　4　4

摺雙

75cm

裡布（正面）

26

20　摺雙　裡本體　18

4　4　4　4

60cm

1. 接縫提把

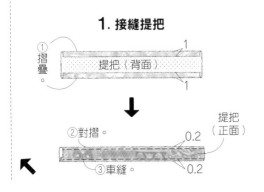

①摺疊。

提把（背面）

1

↓

②對摺。

0.2

提把（正面）

③車縫。

0.2

完成尺寸	材料
衣寬130cm 衣長85cm（不含肩帶）	表布（棉牛津布）110cm×210cm 接著襯（薄）80cm×20cm
原寸紙型 **D面**	

圍兜式圍裙

4. 製作貼邊

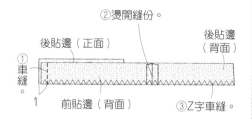

②燙開縫份。

①車縫。

後貼邊（正面）　　後貼邊（背面）

前貼邊（背面）　　③Z字車縫。

1

5. 接縫肩帶・貼邊

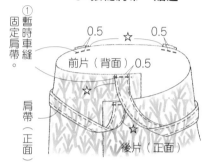

①暫時車縫固定肩帶。

0.5　☆　0.5

前片（背面）0.5

肩帶（正面）　☆　☆

後片（正面）

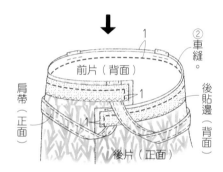

1　②車縫。

前片（背面）

肩帶（正面）　1　後貼邊（背面）

1

後片（正面）

6. 縫合後端・下襬線

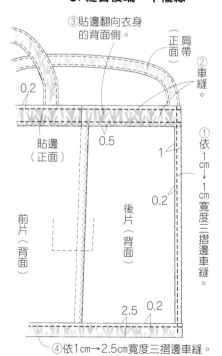

③貼邊翻向衣身的背面側。

正面肩帶

②車縫。

0.2

貼邊（正面）　0.5　1

①依1cm→1cm寬度三摺邊車縫。

0.2

前片（背面）　後片（背面）

2.5　0.2

④依1cm→2.5cm寬度三摺邊車縫。

2. 製作口袋

①Z字車縫。

口袋（正面）

②依1cm→1.5cm寬度三摺邊車縫。

1

1.5　0.2

口袋（背面）

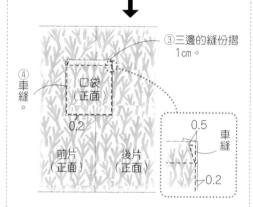

④車縫。

③三邊的縫份摺1cm。

口袋（正面）

0.2

前片（正面）　後片（正面）

0.5　車縫

0.2

※另一側同樣縫上口袋。

3. 製作肩帶

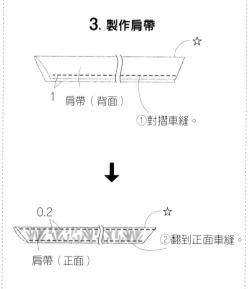

☆

1　肩帶（背面）

①對摺車縫。

0.2　☆

肩帶（正面）

②翻到正面車縫。

※肩帶有2種尺寸，請依身高選擇適合尺寸。

<參考尺寸>
M：身高158cm　L：身高166cm

裁布圖

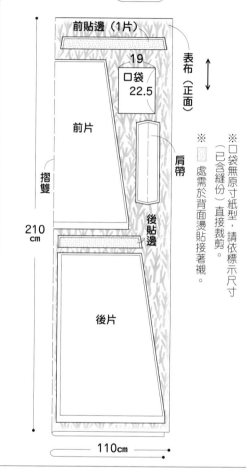

前貼邊（1片）

19

口袋　22.5

前片

肩帶

摺雙

後貼邊

210cm

後片

表布（正面）

※口袋無原寸紙型，請依標示尺寸（已含縫份）直接裁剪。

※ ▨ 處需於背面燙貼接著襯。

110cm

1. 車縫脇邊線

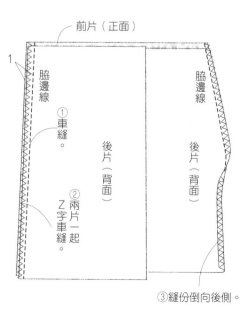

前片（正面）

1

脇邊線

①車縫。

後片（背面）

脇邊線

②兩片一起Z字車縫。

後片（背面）

③縫份倒向後側。

完成尺寸	材料
寬27×長15×側身14cm	表布（棉牛津布）110cm×80cm
	接著鋪棉（棉）90cm×30cm

原寸紙型
D面

P.67_ No.**59**
麵包收納布盒

---

5. 套疊表本體＆裡本體

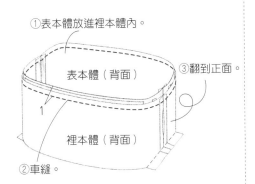

① 表本體放進裡本體內。
② 車縫。
③ 翻到正面。

表本體（背面）
裡本體（背面）
1

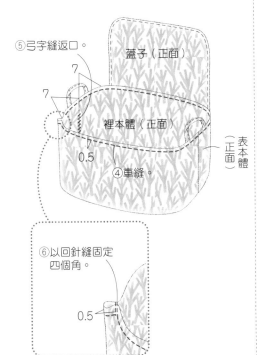

⑤ 弓字縫返口。
蓋子（正面）
裡本體（正面）
表本體（正面）
7
7
0.5
④ 車縫。

⑥ 以回針縫固定四個角。
0.5

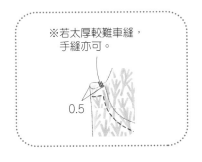

※ 若太厚較難車縫，手縫亦可。
0.5

裡本體（正面）
1
返口 8cm
裡本體（背面）
③ 車縫。
1
④ 燙開縫份。
1

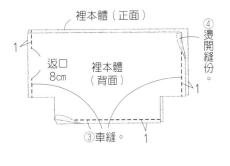

表本體（背面）
⑤ 對齊脇邊線＆底中心線車縫。
1

※ 另一側＆裡本體縫法亦同。

4. 接縫提把・盒蓋

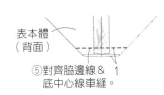

3.5　3.5
0.5
① 翻到正面
正面 提把
脇邊線
② 暫時車縫固定。
表本體（正面）

※ 另一側同樣接縫提把。

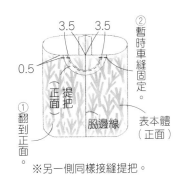

表本體（背面）
正面 提把
中心 13.5　13.5
0.5
表本體（正面）
③ 暫時車縫固定。
蓋子（正面）

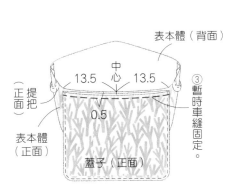

裁布圖

※ 除了蓋子之外皆無原寸紙型，請依標示尺寸（已含縫份）直接裁剪。
※ ⬚ 處需於背面燙貼接著鋪棉。

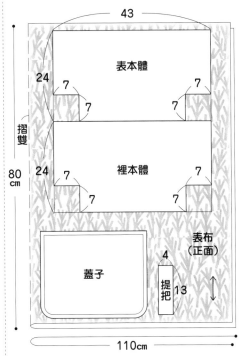

43
表本體
24　7　7　7　7
摺雙
80 cm
裡本體
24　7　7　7　7
蓋子
提把 13
表布（正面）
4
110cm

1. 製作提把

提把（正面）
1
0.2 摺四褶車縫。
※ 另一條作法亦同。

2. 製作蓋子

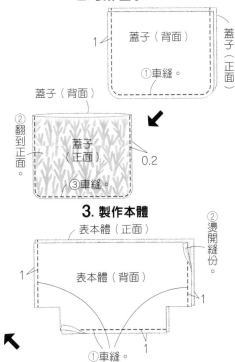

蓋子（背面）
蓋子（正面）
1
① 車縫。
蓋子（背面）
② 翻到正面。
蓋子（正面）
0.2
③ 車縫。

3. 製作本體

表本體（正面）
② 燙開縫份。
1
表本體（背面）
1
1
① 車縫。

雅書堂　搜尋
www.elegantbooks.com.tw

Cotton friend 手作誌
Summer Edition
2022 vol.57

國家圖書館出版品預行編目 (CIP) 資料

沁藍×純白的夏日手作詩：特選海洋印花布.塑膠布.網布，傳遞海風氣息的清新手作。/ BOUTIQUE-SHA 授權；周欣芃，瞿中蓮譯. -- 初版. -- 新北市：雅書堂文化事業有限公司，2022.07
　　面；　公分. -- (Cotton friend 手作誌；57)
ISBN 978-986-302-634-1(平裝)

1.CST: 縫紉 2.CST: 手工藝

426.3　　　　　　　　　　　　　111009448

沁藍×純白的夏日手作詩
特選海洋印花布・塑膠布・網布，傳遞海風氣息的清新手作。

授權	BOUTIQUE-SHA
譯者	周欣芃・瞿中蓮
社長	詹慶和
執行編輯	陳姿伶
編輯	蔡毓玲・劉蕙寧・黃璟安
美術編輯	陳麗娜・周盈汝・韓欣恬
內頁排版	陳麗娜・造極彩色印刷
出版者	雅書堂文化事業有限公司
發行者	雅書堂文化事業有限公司
郵政劃撥帳號	18225950
郵政劃撥戶名	雅書堂文化事業有限公司
地址	新北市板橋區板新路 206 號 3 樓
網址	www.elegantbooks.com.tw
電子郵件	elegant.books@msa.hinet.net
電話	(02)8952-4078
傳真	(02)8952-4084

2022 年 7 月初版一刷　定價／ 420 元

COTTON FRIEND　(2022 Summer issue)
Copyright © BOUTIQUE-SHA 2022 Printed in Japan
All rights reserved.
Original Japanese edition published in Japan by BOUTIQUE-SHA.
Chinese (in complex character) translation rights arranged with BOUTIQUE-SHA
through KEIO CULTURAL ENTERPRISE CO., LTD.

經銷／易可數位行銷股份有限公司
地址／新北市新店區寶橋路 235 巷 6 弄 3 號 5 樓
電話／ (02)8911-0825
傳真／ (02)8911-0801

STAFF	日文原書製作團隊
編輯長	根本さやか
編輯	渡辺千帆里　川島順子　濱口亜沙子
編輯協力	浅沼かおり
攝影	回里純子　腰塚良彦　藤田律子　白井由香里　島田佳奈
造型	西森 萌
妝髮	タニジュンコ
視覺	みうらしゅう子
排版	牧 陽子　和田充美　松木真由美
繪圖	爲季法子　三島惠子　高田翔子　澤井清絵　星野喜久代　松尾容巳子　宮路睦子
紙型製作	山科文子
校對	加藤容子